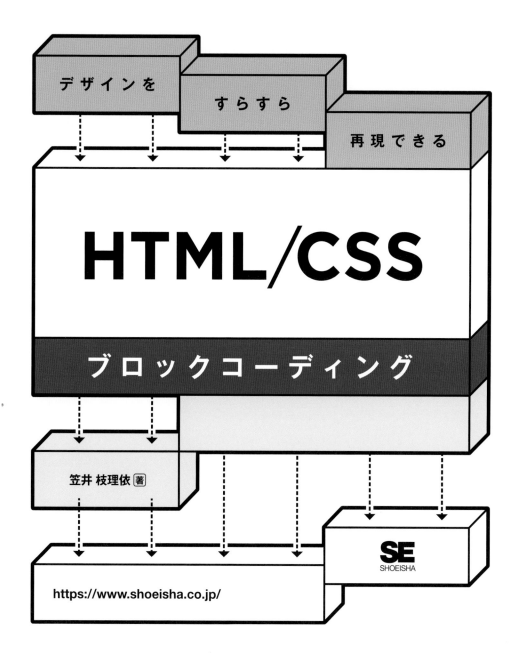

デザインを

すらすら

再現できる

HTML/CSS

ブロックコーディング

笠井 枝理依 著

SE
SHOEISHA

https://www.shoeisha.co.jp/

本書内容に関するお問い合わせについて

このたびは翔泳社の書籍をお買い上げいただき、誠にありがとうございます。弊社では、読者の皆様からのお問い合わせに適切に対応させていただくため、以下のガイドラインへのご協力をお願い致しております。下記項目をお読みいただき、手順に従ってお問い合わせください。

ご質問される前に

弊社Webサイトの「正誤表」をご参照ください。これまでに判明した正誤や追加情報を掲載しています。

正誤表　https://www.shoeisha.co.jp/book/errata/

ご質問方法

弊社Webサイトの「刊行物Q&A」をご利用ください。

刊行物Q&A　https://www.shoeisha.co.jp/book/qa/

インターネットをご利用でない場合は、FAXまたは郵便にて、下記"翔泳社 愛読者サービスセンター"までお問い合わせください。
電話でのご質問は、お受けしておりません。

回答について

回答は、ご質問いただいた手段によってご返事申し上げます。ご質問の内容によっては、回答に数日ないしはそれ以上の期間を要する場合があります。

ご質問に際してのご注意

本書の対象を越えるもの、記述個所を特定されないもの、また読者固有の環境に起因するご質問等にはお答えできませんので、予めご了承ください。

郵便物送付先およびFAX番号

送付先住所　〒160-0006　東京都新宿区舟町5
ＦＡＸ番号　03-5362-3818
宛　　　先　（株）翔泳社 愛読者サービスセンター

はじめに

　「タグやプロパティは覚えてきたけど、実際にページを組み立てようとすると手が止まってしまう！」「どうやって各部分をスタイリングしていけばデザイン通りになるのか、イマイチわからない」……そんな風に困った経験はないでしょうか？

　Webサイトを作りたいと思い立ち、HTML/CSSをコツコツと学んできた方が最初にぶつかりがちな壁、それは**学んだ知識の体系化**です。それぞれの知識が脳の中で点となって散らばっており、どうやって組み合わせて応用したらいいのかがわからない状態なのです。

　本書はそんな点と点を繋ぎ合わせることで、皆さんが初心者から中級者にステップアップし、**自力でWebサイトを作れるようになる**手助けがしたいという想いで執筆しました。順に読み進めていくことで、Web制作の一連の流れを追体験できるように章構成を設計しており、それぞれのステップをハンズオン形式でコードを書きながら学んでいくことができるようになっています。

1. Webサイトのデザインを受け取って作業のプランニング
2. HTML/CSSでの実装
3. モバイル端末も含めたレスポンシブ対応
4. 各ブラウザや端末で崩れがないかテスト
5. コードのリファクタリング（整理整頓）

　プロジェクトによって多少追加や変更があるものの、Web制作の基本的なステップはこのようになっています。各ステップを無理なく踏んでいけるように、要所要所で基本のお

さらいをしつつ、いざ現場で働き始めたときに即戦力となれることを目指して、著者の持つコツやノウハウ、そして実際に使われている最新技術についても、メモやコラムでできる限り紹介するよう配慮しました。さらにはコンテンツを入れ替えることで、最終的には簡単でモダンな読者自身のプロフィールサイトまで作ることができるようになっています。

　またこの本が従来のHTML/CSS本と違うのは、**デザイナーの視点**も大切にしている点です。デザイナーがどのようにレイアウトを組み立て、何に配慮しながら各要素の間隔や色味、大きさを決めているのか。デザインの基本的な考え方を知るだけでもあなたの大きな武器となりえます。「たかが1px、されど1px」です。デザイナーが気を配っている細部にまできちんと配慮できるようになると、デザイナーとのコミュニケーションも円滑になって現場で重宝されることでしょう。
この一連の流れを通してHTML/CSSコーダーとデザイナー両方の視点を体験し、**デザインからHTML/CSSにどのように落とし込んだらいいのか**を理解できます。本書を読み終える頃には、まるでブロックを積み上げるように、今までよりも楽にコーディングできる感覚を味わえるはずです。

　日進月歩のWeb制作において、新しく学ばなければならないことは日々増えていきますが、結局のところベースとなるHTML/CSSは変わりません。だからこそHTML/CSSの基礎をしっかり身につけられるかどうかが鍵といえるでしょう。本書がその礎を築く助けとなれば、著者にとってこれほど嬉しいことはありません。

笠井枝理依

本書で学べること

本書ではプロフィールサイトの制作を通して、以下の3点を中心に学ぶことができます。

- Webサイトのデザインから HTML/CSS 実装までの基本的な流れ
- レスポンシブデザインと HTML/CSS を使った実装方法
- ベーシックなプロフィールサイトのデザインとコンテンツの構成

また本書の終盤では、皆さんのパーソナリティに合わせてコンテンツやデザインを差し替えることで、自分自身のベーシックなプロフィールサイトを作ることができるようになっています。こうした Web サイトは開発者として就職・転職する際に必要不可欠なものです。ゆくゆくはデザインをご自身で少しずつ調整し、強調したい部分に合わせて作り直していただきたいのですが、ぜひ本書を使って最初のバージョンを作ってみてください。

トップページ

トップページではまずご自身がどんな人物であるかを簡潔に述べた後、これまでのお仕事を紹介し、続けて詳細な自己紹介を行っています。最後にはコンタクトフォームも準備することで、興味を持ってくださった方からのコンタクトを受け付けやすくしています（本書での実装でメッセージを送れるようになるわけではないので、あくまでスタイリングのみであることに注意してください）。

トップページ（ラップトップ版）

トップページ（モバイル版）

トップページ（タブレット版）

現在はタブレット端末やスマートフォンでのアクセスも当たり前になりました。そのためプロフィールサイトも、それぞれのサイズで最適化した見た目に変化させるレスポンシブ対応が必須です。本書では後半部分でこれらの実装についてもカバーしています。

プロジェクトページ

　プロジェクトページは過去のお仕事について、その詳細を紹介するためのページです。プロフィールサイトでは特に注目してほしいプロジェクトについて、概要だけでなくケーススタディとして画像も含めながら詳しく紹介するのがおすすめです。トップページをひと通りコーディングしていれば、それをベースにして簡単に作れるようにしているので安心してください。

プロジェクトページ（ラップトップ版）

プロジェクトページ（タブレット版）

こちらのページについてもレスポンシブ対応できるように構成しています。本書ではこちらのページをテンプレートとして作ることで、今後ご自身でプロジェクトごとにページを複製できるようになっています。

プロジェクトページ（モバイル版）

本書の読み方

　本書は各章を順に追って進めていけばプロフィールサイトが作れるよう構成されています。また本編とは別に、Appendixとしてクロスブラウザ対応や、開発者に知っておいてほしいFigmaの基本的な使い方についての解説も用意しています。さらにステップアップしたいという方はぜひAppendixも役立ててください。

イントロダクション

　現在読んでいる部分です。本書で学べることについての概要や対応するブラウザ、本書を読み進める前に準備していただきたいことをまとめて記載しています。テキストエディターやWebブラウザなど、学習を進めるにあたって必要不可欠なツールについても解説しているので、必ずこちらで準備を済ませてから先の章へと進んでください。

CHAPTER 1「モックアップをブロック分解」

　本書の肝ともいえる、ブロック分解の手法について書かれている章です。デザインから実装するにあたって、初心者がつまずきやすい部分をステップ・バイ・ステップで解説しています。ベーシックなデザインのWebサイトを、デスクトップ版、タブレット版、そしてモバイル版のそれぞれでブロック分解してみましょう。

CHAPTER 2「ファイルの準備」

　本書で配布しているファイルについて、それぞれの役割を解説しつつ、皆さんに準備してほしいファイルについてもお伝えしています。また各Webブラウザで指定されているベースのスタイリングを、どうやって管理するかについても学習することができます。

CHAPTER 3「HTMLのコーディング準備」

　分解したデザインを基に、どうやってHTMLを組み立てたらいいのかについて解説します。本書ではレスポンシブ対応もカバーしているので、各ウィンドウサイズでレイアウトが変わる場合を想定しながら実装する必要があります。2つのアプローチ方法について理解を深めつつ、今回採用するアプローチ方法について考えてみましょう。

CHAPTER 4「HTMLのコーディング」

　これまでの準備を基に、HTMLを実際に書いていきます。大枠のコーディングから始めて、各セクションを徐々に細かく実装しましょう。実際のコードや注釈画像、ブロック分解をHTMLコーディングにどう活かすかの解説など、読者の助けになる要素をふんだんに散りばめています。

CHAPTER 5「CSSのコーディング準備」

　しっかりHTMLコーディングが完了したら、今度はCSSも使ってWebサイトをスタイリングしていきます。この章では各CSSファイルの準備をしつつ、デザイナーから実際にデザインを受け取ったときに確認してほしいことや、CSSでスタイリングする際に気にかけておきたいポイントも解説しています。

CHAPTER 6「CSSのコーディング」

　いよいよ花形のCSSが登場です。HTMLコーディングのときと同様に、大枠から始めて徐々に細かくスタイリングしていきましょう。その場限りで行きあたりばったりのスタイリングをするのではなく、全体で共通しているスタイルは何か、汎用性のあるclass作りはどうしたらいいのかについても学習しながら、メンテナンス性・拡張性の高いスタイリングを行いましょう。

CHAPTER 7「CSSでのレスポンシブ対応」

　前章に続いて、今度はウィンドウサイズに応じて柔軟に見た目を変化させるレスポンシブ対応
をしていきます。モバイル版、タブレット版、ラップトップ版のデザインを見比べながら、どのサ
イズでどう変化しているのかに注目しましょう。またここでも「HTMLのコーディング準備」の章
で触れたアプローチ方法に則ってコーディングしていく必要があるので、その章も復習しながら
進めることをおすすめします。

CHAPTER 8「自分のプロフィールページへ」

　一旦Webページの作成が完了したら、今度はご自身のパーソナリティに合わせて色やコンテン
ツを変化させましょう。またこの章では復習と応用を兼ねて、下層ページとなるプロジェクトペー
ジの作成についても解説しています。プロフィールサイトでは下層ページを使って、ご自身の過去
のプロジェクトについて詳細に紹介することも少なくありません。こちらもぜひ作成してみてく
ださい。

対応するブラウザ

本書で作成するWebサイトの対応ブラウザは以下の通りです。

- Google Chrome
- Microsoft Edge
- Safari
- Firefox

Internet Explorer 11（以下、IE11）は2022年6月16日をもって、Microsoftのサポート対象から外れました。この期日以降はセキュリティ更新プログラムやテクニカルサポート等が提供されなくなるため、IEコンテンツの利用者や提供者はMicrosoftの新ブラウザであるMicrosoft Edgeやその他ブラウザへの移行を呼びかけられています。

本書を執筆している2022年9月時点でも、すでにStatCounter※によるIE11の世界シェアは1%を下回っており、今後ますます使われなくなっていくことが明らかです。そのため本書ではIE11についても対象ブラウザから除外しております。

> ※ StatCounter（http://gs.statcounter.com/）はWebサイトのアクセス解析ツールです。国内／世界のブラウザのシェアまで公開してくれています。

コーディング技術も日々進化している中で古いバージョンのブラウザまでサポートしようとすると、それらのブラウザでの表示崩れを起こすことが多々あります。古いバージョンを除外していくことで、そういった崩れをカバーするコーディングが不要になり、最新のコーディング技術も取り入れやすくなるでしょう。

不要なコードがないすっきりしたコードは読みやすく、メンテナンスもしやすいのでいいことづくめです。ぜひ本書でモダンブラウザに対応するコーディング方法を身につけてください。

本書はGoogle Chromeでの表示をベースに執筆しています。近年はブラウザごとの表示の差異はほとんどなくなってきていますが、Google Chromeのデベロッパーツールを使う場面もあるので、できる限り同じブラウザを使っていただくのをおすすめします。

学習を始める前に

　実際に学びはじめる前にいくつか準備してもらいたいものがあるので、こちらを確認しながら準備をした上で、本書を読み進めてください。

サンプルファイルのダウンロード

　本書で取り扱っているサンプルファイルは、以下のURLにアクセスすることでダウンロードできます。後ほど24ページのファイル構成の解説で詳しく見ていきますが、Zipファイルを展開すると「code」フォルダと「design」フォルダ、そして「code-example」フォルダが入っているはずです。

https://www.shoeisha.co.jp/book/download/9784798169040

　「code」フォルダには初期状態で「images」と「stylesheets」という2つのフォルダが入っていて、それぞれ画像やCSSファイルといったいくつかのファイルが格納されています。また「design」フォルダにはモバイル版、タブレット版、ラップトップ版のデザイン画像と共に、カラーやフォント、サイズを確認できるFigmaファイルが添付されています。「code-example」フォルダには、本書で作成するコードのお手本となる完成形のファイルがあらかじめ格納されています。

プロフィールサイトで使用している画像について

　サンプルのプロフィールサイトに含まれている画像は、著者本人の提供画像に加えて以下のサービスからの画像も用いています（敬称略）。

● Unsplash:
　https://unsplash.com/

ダウンロードファイルの中に含まれる画像はすべて、学習用途でのプロフィールサイトの制作や表示、確認以外で使用しないでください。今後のWebサイト制作において同じ素材画像が必要な場合には、ご自身で下記サービスの利用規約を確認・同意の上、提供元から改めてダウンロードしてご利用ください。

ソースコードエディターのインストール

本書ではVisual Studio CodeというMicrosoftが開発しているソースコードエディターを使ってコーディングしていきます。下記のURLにアクセスし、「Download」ボタンをクリックしてインストールしておいてください。特別な設定は、本書ではしなくても問題ありません。

- Visual Studio Code:
  https://code.visualstudio.com/

Webブラウザのインストール

本書ではGoogle Chromeを使ってコーディングしていくので、コーディング前に下記URLにアクセスしてインストールしておいてください。すでにGoogle Chromeが入っている場合、スキップしてかまいません。

- Google Chrome:
  https://www.google.co.jp/intl/ja/chrome/

以上で学習前の準備は完了です。さっそく、次の章からプロフィールサイトの制作を始めましょう。

CONTENT

CHAPTER 01

モックアップをブロック分解

CHAPTER 02

ファイルの準備

CHAPTER 03

HTMLのコーディング準備

CHAPTER 04

HTMLのコーディング

CHAPTER 05

CSSのコーディング準備

CHAPTER 06

CSSのコーディング

CHAPTER 07

CSSでのレスポンシブ対応

CHAPTER 08
自分のプロフィールページへ

APPENDIX
一歩進んだテクニック

CHAPTER 01

モックアップをブロック分解

1 1 モックアップとは

モックアップとは皆さんが考えるところの「デザイン」であり、日本では「デザインカンプ」と呼ばれることもよくあります。Webページがどのように表示されるのか、実際にブラウザで表示される場合と遜色ないものを、デザインツールで忠実にシミュレーションした画像です。モックアップを見ることで最終的なWebページの見た目がはっきりとイメージできるようになるので、コーディングする私たちにとってはなくてはならないものです。

Webサイトによって対象とする端末の画面サイズが変わるので、それに応じてモックアップのサイズも変わってきます。デスクトップパソコンやノートパソコン、タブレット、スマートフォンなど、そのWebサイトの対象端末の幅によって、多種多様なサイズのモックアップをデザイナーから渡されることになるでしょう。

コーディングする際は、この**モックアップから多くの情報を読み取らなければなりません**。下記に主なものをご紹介します。

- レイアウト
- 要素同士のスペース間隔
- 各要素のサイズや太さ
- 各要素の色（テキスト、背景、線等）
- フォントの種類

もしも他の端末サイズに合わせたデザインも用意されているのであれば、画面サイズによってこれらの要素がどのように異なるのかも確認せねばなりません。レイアウトはどう違うでしょうか？　テキストの大きさは変わっていますか？　画面サイズによって表示されているコンテンツが違っていることもあります。これらのことをメモしておくと、後ほどコーディングする際に大いに役立つことでしょう。

図1-1 モックアップのイメージ（ラップトップ版とモバイル版）

1

モックアップをブロック分解

1 2 モックアップはこうして渡される

　モックアップの渡され方は所属する企業や協業するデザイナーによって違ってくるのですが、いくつかのパターンをご紹介します。

モックアップと指示書きが一緒に渡されるパターン

　モックアップの画像自体に加え、それぞれの要素を**どのようにコーディングしてほしいのか、指示が添付されているパターン**です。この指示は別途書類が準備されている場合と、デザインに直接コメントが書き込まれている場合があります。デザイナーによっては通常のモックアップとコメントが記載されたモックアップの両方を渡してくることもあるでしょう。現在はだんだんと少なくなってきている手法ですが、今でも健在です。

モックアップとスタイルガイドが一緒に渡されるパターン

　1つ目のパターンとあわせて渡されることもあるのが、スタイルガイドというWebサイト全体を通してのデザインルールをまとめた資料です。そのWebページだけではなく、**他のページにも一貫して採用してほしい色やサイズのルールが、ガイドとして1つにまとめられています**。スタイルガイドはWebサイト全体の一体感を高めるためにも本来必須のものではあるのですが、開発期間が短いWebサイトや、デザイナーに余裕がないときなどは、一旦スキップされて作られないこともあります。

モックアップの共有ツールを通して渡されるパターン

　今ではこちらの手法を使う企業が大多数を占めるようになりました。モックアップのデータをアップロードして使うInVisionやZeplin、AdobeXD、Prottの他、SketchやFigmaといったデザインツールから直接データを共有できるものも存在します。多くのツールは英語でしか使えませんが、これらを使用すると各要素をクリックするだけでコーディングに必要な細かな情報が得ら

れるようになっています。またデザイナーだけでなく**チームの他のメンバーもコメントを残して
コミュニケーションできる機能が備わっている**ので、現場でとても重宝されています。

表1-1 主なモックアップの共有ツール

ツール名	URL
InVision	https://www.invisionapp.com/
Zeplin	https://zeplin.io/
AdobeXD	https://helpx.adobe.com/xd/get-started.html
Prott	https://prottapp.com/ja/
Sketch	https://www.sketch.com/
Figma	https://www.figma.com/

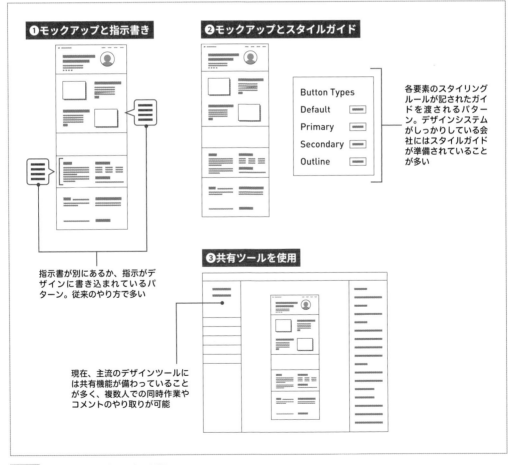

図1-2 モックアップの渡され方の種類

1 3 初心者がコーディングで つまずきがちなこと

　HTMLとCSSを軽く学んだ初心者が、いざWebページをコーディングしようというときに手が止まってしまう理由は何なのでしょうか。それは、一つ一つのHTMLタグやCSSによるスタイルの変え方は覚えていても、それらをどのように活用したら、具体的なパーツやレイアウトを組み立てられるのかがわからないためです。つまり**学んだ知識を組み合わせて応用するのに慣れていない**からなのです。

　そんな状態でいきなりモックアップを渡されて全体像を見ても、どこからどう手をつけたらいいのかわからずに、圧倒されてしまいますよね。でも実はよく見ると、Webページというのは「**大きなブロックの中に小さなブロックが集まってできている**」だけなのです。まるでマトリョーシカのように、小さなブロックをそれよりも大きなブロックが包むことで成り立っています（**図1-3**）。

　ただし、ここにも初心者にとっての罠が潜んでいるのです。それはHTMLとCSSを学びたての初心者は「自分が簡単にスタイリングできる小さなブロックからコーディングを始めてしまいがち」ということです。この思考を逆に「小さなブロックを入れられるように、大きなブロックから組み立てる」よう切り替えなければなりません。

　それでは次の節で、大きなブロックから順に、Webページを構成する基本要素について確認していきましょう。

自己紹介

この文章はダミーです。文字の大きさ、量、字間、行間等を確認するために入れています。この文章はダミーです。文字の大きさ、量、字間、行間等を確認するために入れています。この文章はダミーです。文字の大きさ、量、字間、行間等を確認するために入れています。

この文章はダミーです。文字の大きさ、量、字間、行間等を確認するために入れています。この文章はダミーです。文字の大きさ、量、字間、行間等を確認するために入れています。この文章はダミーです。文字の大きさ、量、字間、行間等を確認するために入れています。

スキルセット

- UI/UX デザイン
- 情報設計
- マーケティング
- HTML5
- CSS3
- JavaScript
- IT講師
- IT技術書執筆
- 動画編集

関連リンク

図1-3 大きなブロックの中に小さなブロックが含まれている

1 4 サイトを構成する基本要素

Webページを構成する一番大きなブロックは何でしょうか？　それはヘッダーエリア、メインエリア、そしてフッターエリアの3つです。これらはレイアウトが多少違っていたとしても、それ自身の役割はほとんど変わりません。

ヘッダーエリア

英語のHead（頭）が由来の言葉で、通常Webページの上部にあるものとして定義されています。典型的なWebページでヘッダーに含まれているものは、その**企業やWebサイトのロゴや、各ページに遷移するためのナビゲーション**です。そのWebサイトにログイン機能が備わっているのであれば、ログインボタンが含まれていることも多々あります。

メインエリア

ここがWebページの主役で、**Webページを開いた人にあなたが伝えたい事柄を表示する部分**です。本書でサンプルとするWebページであれば、表示したときに最初に目に入るヒーローエリアや、これまでの仕事を紹介するエリア、そして自身について紹介するエリアがここに含まれます。

フッターエリア

英語のFoot（足）が由来の言葉で、通常Webページの下部にあるものとして定義されています。典型的なWebページでフッターに含まれているものは、ヘッダーよりも**詳細なナビゲーションやコピーライト表記、利用規約やプライバシーポリシー、特定商取引法に基づく表記**といった、大切である一方、表示する機会の少ないものが多いです。今回のモックアップではお問い合わせフォームもここに含まれています。

こうして3つに分けてみるだけでも少し取り掛かりやすく感じられるようになってきたのではないでしょうか？　ここからはモックアップを基に、さらに小さなブロックに分解してみましょう。

1　5　モバイル版のブロック分解

　まずは簡単なモバイル版のブロック分解からやってみましょう。ヘッダーから順に各エリアを分解していきます。コツは「情報ごとにグループを作る」ことです。

ヘッダーエリア

　今回のヘッダーは単純なスタイルで、含まれている小さなブロックは左右に分かれている2つだけです。左側にロゴが、右側にナビゲーションが含まれています（図1-4）。

図1-4　ヘッダーを左右のブロックに分ける

メインエリア

　メインエリアは大きいので、いくつかの段階を経ながらブロック分解する必要があります。まず縦に3つ、ヒーローエリア、これまでの仕事を紹介するエリア、そして自身について紹介するエリアに分けましょう（図1-5）。

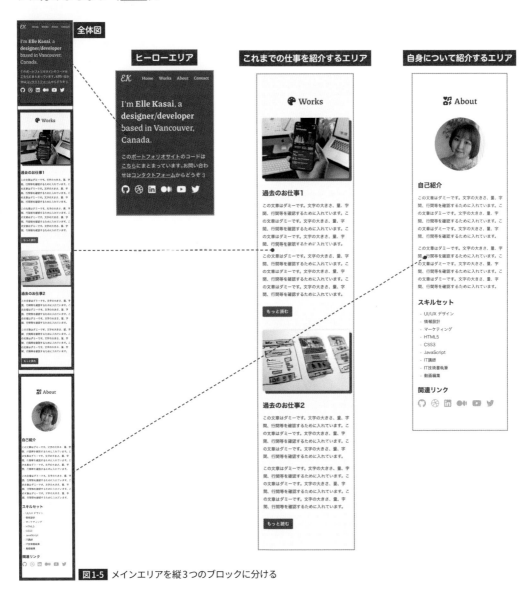

図1-5 メインエリアを縦3つのブロックに分ける

　ここで3つに分けた後、各エリアを順にチェックしていきます。モバイル版の場合はシングルカラムといって、上から下にレイアウトが一直線で並んでいるのでわかりやすいですね。

▶ ヒーローエリア

ヒーローエリアはこのWebページの第一印象を決める大切な部分で、ページを訪れた人が最初に目にするエリアのことを指します。このエリアは上下でスペースが入っているところを境に分解できます。上が見出しで、下にちょっとした説明文とSNSのリンク集が入っています（図1-6）。

図1-6 ヒーローエリアを縦2つのブロックに分ける

▶ これまでの仕事を紹介するエリア

このエリアはまず縦に2つ、見出しとコンテンツのブロックに分けることができます（図1-7）。次にコンテンツをさらに2つ、「過去のお仕事1」と「過去のお仕事2」が含まれたブロックに分けることができます（図1-8）。

さらに「過去のお仕事」は上下でブロックを分けることによって、イメージ画像のブロックと、見出しや説明文、詳細ページへのリンクが含まれたブロックを作ることができます（図1-9）。

🎨 Works

過去のお仕事1

この文章はダミーです。文字の大きさ、量、字間、行間等を確認するために入れています。この文章はダミーです。文字の大きさ、量、字間、行間等を確認するために入れています。この文章はダミーです。文字の大きさ、量、字間、行間等を確認するために入れています。

この文章はダミーです。文字の大きさ、量、字間、行間等を確認するために入れています。この文章はダミーです。文字の大きさ、量、字間、行間等を確認するために入れています。この文章はダミーです。文字の大きさ、量、字間、行間等を確認するために入れています。

もっと読む

過去のお仕事2

この文章はダミーです。文字の大きさ、量、字間、行間等を確認するために入れています。この文章はダミーです。文字の大きさ、量、字間、行間等を確認するために入れています。この文章はダミーです。文字の大きさ、量、字間、行間等を確認するために入れています。

この文章はダミーです。文字の大きさ、量、字間、行間等を確認するために入れています。この文章はダミーです。文字の大きさ、量、字間、行間等を確認するために入れています。この文章はダミーです。文字の大きさ、量、字間、行間等を確認するために入れています。

もっと読む

図1-7 これまでの仕事を紹介するエリアを縦2つのブロックに分ける

🎨 Works

過去のお仕事1

この文章はダミーです。文字の大きさ、量、字間、行間等を確認するために入れています。この文章はダミーです。文字の大きさ、量、字間、行間等を確認するために入れています。この文章はダミーです。文字の大きさ、量、字間、行間等を確認するために入れています。

この文章はダミーです。文字の大きさ、量、字間、行間等を確認するために入れています。この文章はダミーです。文字の大きさ、量、字間、行間等を確認するために入れています。この文章はダミーです。文字の大きさ、量、字間、行間等を確認するために入れています。

もっと読む

過去のお仕事2

この文章はダミーです。文字の大きさ、量、字間、行間等を確認するために入れています。この文章はダミーです。文字の大きさ、量、字間、行間等を確認するために入れています。この文章はダミーです。文字の大きさ、量、字間、行間等を確認するために入れています。

この文章はダミーです。文字の大きさ、量、字間、行間等を確認するために入れています。この文章はダミーです。文字の大きさ、量、字間、行間等を確認するために入れています。この文章はダミーです。文字の大きさ、量、字間、行間等を確認するために入れています。

もっと読む

図1-8 過去のお仕事を縦2つのブロックに分ける

🎨 Works

過去のお仕事1

この文章はダミーです。文字の大きさ、量、字間、行間等を確認するために入れています。この文章はダミーです。文字の大きさ、量、字間、行間等を確認するために入れています。この文章はダミーです。文字の大きさ、量、字間、行間等を確認するために入れています。

この文章はダミーです。文字の大きさ、量、字間、行間等を確認するために入れています。この文章はダミーです。文字の大きさ、量、字間、行間等を確認するために入れています。この文章はダミーです。文字の大きさ、量、字間、行間等を確認するために入れています。

過去のお仕事2

この文章はダミーです。文字の大きさ、量、字間、行間等を確認するために入れています。この文章はダミーです。文字の大きさ、量、字間、行間等を確認するために入れています。この文章はダミーです。文字の大きさ、量、字間、行間等を確認するために入れています。

この文章はダミーです。文字の大きさ、量、字間、行間等を確認するために入れています。この文章はダミーです。文字の大きさ、量、字間、行間等を確認するために入れています。この文章はダミーです。文字の大きさ、量、字間、行間等を確認するために入れています。

もっと読む

図1-9 過去のお仕事をさらに縦2つのブロックに分ける

▶ 自身について紹介するエリア

このエリアも仕事について紹介しているエリアと同様、まずは見出しとコンテンツのブロックに分けることができます（図1-10）。次にコンテンツのブロックは、さらに縦に2つ、画像のブロックと具体的な自己紹介内容のブロックに分けましょう（図1-11）。

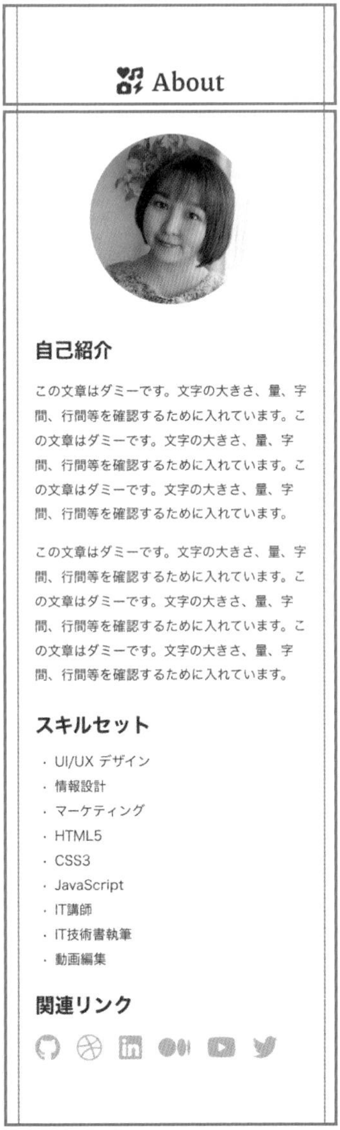

図1-10 自身について紹介するエリアを
見出しとコンテンツのブロックに分ける

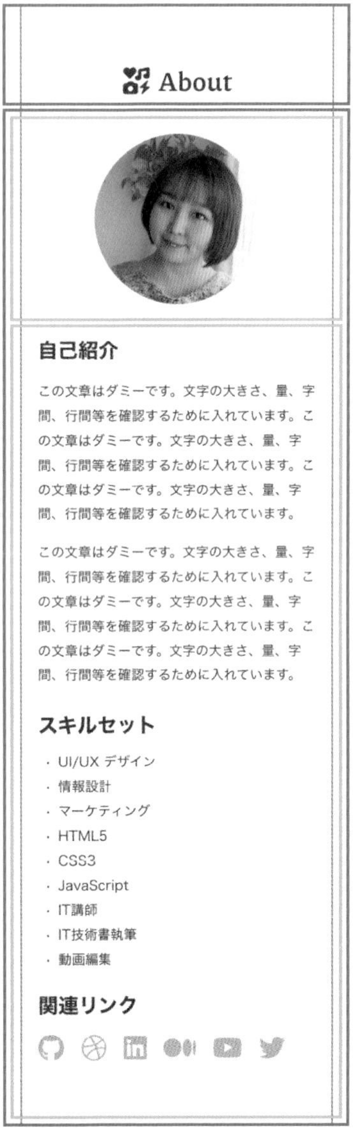

図1-11 画像のブロックと自己紹介内容の
ブロックに分ける

その自己紹介しているブロックを今度は上下2つに分けることで、メインの情報ブロックとサブの情報ブロックに分けることができます。さらにサブの情報ブロックは縦に2つ、スキルセットのブロックとSNSのリンク集のブロックに分けておきます（図1-12）。

　それぞれのブロックは小さな見出しとコンテンツに分かれていますよね。そこでも小さなブロックを作ることができます（図1-13）。

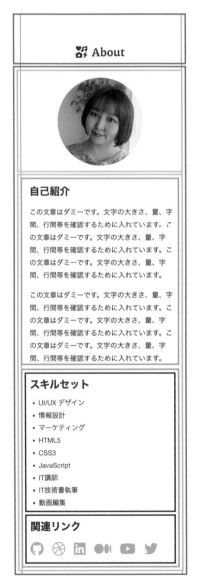

図1-12 メインの情報ブロックと
　　　　サブの情報ブロックに分ける

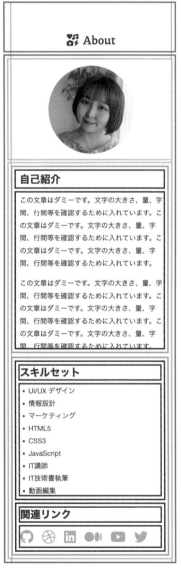

図1-13 それぞれのブロックを
　　　　見出しとコンテンツで分ける

モックアップをブロック分解

フッターエリア

　それでは最後にフッターエリアを見て
いきましょう。まずは、お問い合わせ
フォームが含まれた上のブロックと、ロゴ
やリンク集、コピーライトが含まれた下の
ブロックの2つに分けます（図1-14）。

図1-14 フッターエリアを上下のブロックに分ける

　上のブロックについては上下で説明文
と実際のお問い合わせフォームの2つのブ
ロックに分けることが可能です（図1-15）。

図1-15 説明文のブロックとお問い合わせフォームのブロックに分ける

下のブロックはさらに縦に2つ、ロゴと
リンク集のブロックとコピーライトのブ
ロックに分けます。そこから上のブロック
を、ロゴとナビゲーションのリンク集のブ
ロックとSNSのリンク集のブロックに分
けることができるでしょう。コピーライト
は、これ以上ブロックを分けることはでき
ません（ 図1-16 ）。

図1-16 下のブロックをさらに細かく分ける

どのエリアもさらに細かなブロックに分けることはできるのですが、ここまででも十分細かく
なったので大分わかりやすくなってきたのではないでしょうか。残りは実際にコーディングして
いく中で分解していくことにしましょう。

1 6 タブレット版のブロック分解

モバイル版とタブレット版ではレイアウトが大きく変わります。パッと全体像を目に入れてしまうと腰が引けてしまうかもしれませんが、1つずつ見ていけばどうということはありません。ヘッダーエリアには変化がないので飛ばしつつ、メインエリアから各エリアを順に分解していきましょう。

メインエリア

モバイル版と同様に、いくつかの段階を経ながらブロック分解する必要があります。まず縦に3つ、ヒーローエリア、これまでの仕事を紹介するエリア、そして自身について紹介するエリアに分けましょう（図1-17）。

ここで3つに分けた後、各エリアを順にチェックしていきます。

図1-17 メインエリアを縦3つのブロックに分ける

▶ ヒーローエリア

ヒーローエリアはまず左右2つに分けることができます（図1-18）。左側が見出しやちょっとした説明文、SNSのリンク集になっていて、右側に自身のプロフィール画像を載せています。このプロフィール画像はモバイル版にはなかったものなので、メモしておきましょう。

図1-18 ヒーローエリアを左右のブロックに分ける

▶ これまでの仕事を 紹介するエリア

このエリアの分解は基本的にモバイル版と同様なのですが、各プロジェクトのレイアウトが**上下のブロックから左右のブロックへと変化している**ことに注目しておきましょう。

左右でブロックを分けることによって、見出しや説明文、詳細ページへのリンクが含まれたブロックと、イメージ画像のブロックを作ることができます（図1-19）。

図1-19 これまでの仕事を紹介するエリアを左右のブロックに分ける

▶ 自身について紹介するエリア

このエリアは少しだけ複雑化しています。まず使われている画像が、モバイル版と異なることに気づくでしょう。でも分解自体は複雑ではないので、慌てることはありません。

まずは見出しとコンテンツのブロックに分け、コンテンツのブロックをさらに縦に2つ、画像のブロックと自己紹介内容のブロックに分けるところまでは一緒です（図1-20）。

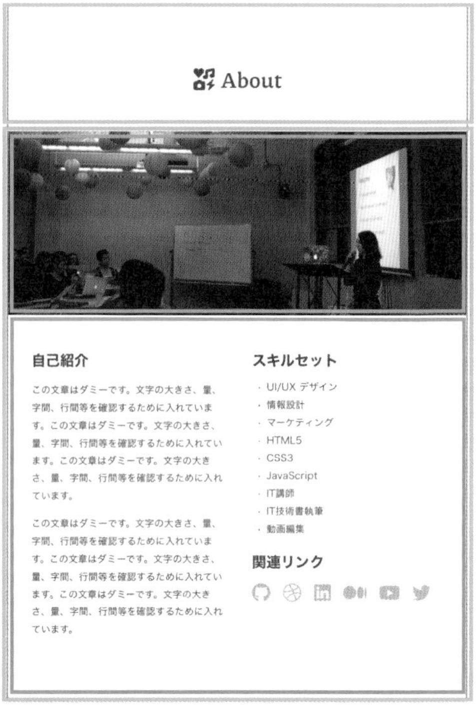

図1-20 自身について紹介するエリアを縦に分解する

その自己紹介内容のブロックを今度は左右2つに分けることで、メインの情報ブロックとサブの情報ブロックに分けることができます。さらにサブの情報ブロックは縦に2つ、スキルセットのブロックとSNSのリンク集のブロックに分けておきます（図1-21）。

図1-21 自己紹介しているブロックをさらに細かく分解する

それぞれのブロックを、小さな見出しとコンテンツに分けてブロックを作るのも同じです（ 図1-22 ）。

図1-22 見出しとコンテンツに分解する

フッターエリア

フッターもヒーローエリアと同様、**上下から左右へのレイアウトに変化している**のですが、それぞれのエリアの中身は一緒なので難しくありません。まずは左右2つに分けて、ロゴやリンク集、コピーライトが含まれた左側と、お問い合わせフォームが含まれた右のブロックに分けます（ 図1-23 ）。

図1-23 左右2つのブロックに分ける

左のブロックはロゴとリンク集が入った上のブロックと、コピーライトが入った下のブロックに分けます。さらに上のブロックを、ロゴとナビゲーションのリンク集のブロックとSNSのリンク集のブロックに分けられます（ 図1-24 ）。

図1-24 左のブロックをさらに細かく分解する

右のブロックは、上下で説明文と実際のお問い合わせフォームの2つのブロックに分けます。これもモバイル版と同じです（ 図1-25 ）。

図1-25 右のブロックをさらに細かく分解する

1 7 ラップトップ版のブロック分解

最後にラップトップ版の各エリアを分解しましょう。タブレット版から変化しているレイアウトはほとんどないので、変更のあるところだけクローズアップして見ていきます。

メインエリア

よく見ると自身について紹介するエリアで、**スキルセットのリストが3つのカラムに変わっている**のがわかります。モバイル版だけ見ていたら、コーディング時に1つのリストとしてまとめていたかもしれませんが、このように3つの小さなリストが集まっていたと気づくことができますね（ 図1-26 ）。

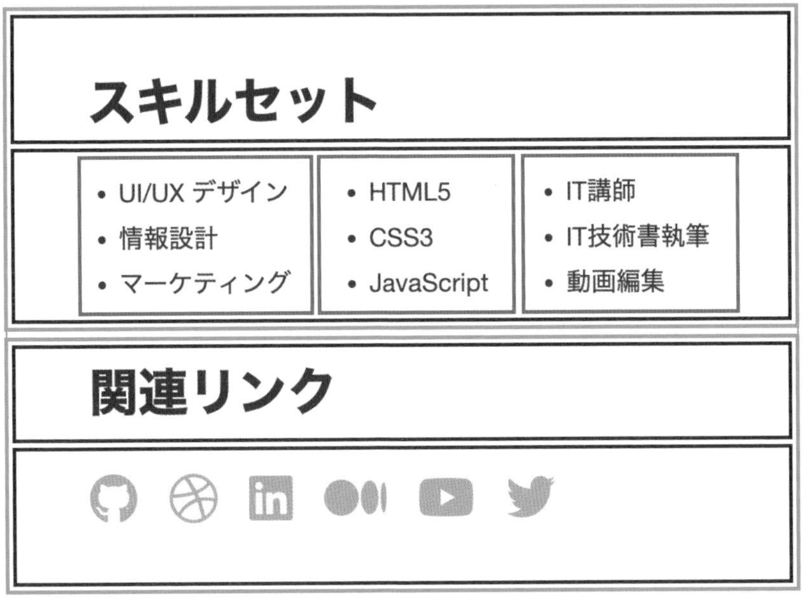

スキルセット

- UI/UX デザイン
- 情報設計
- マーケティング

- HTML5
- CSS3
- JavaScript

- IT講師
- IT技術書執筆
- 動画編集

関連リンク

図1-26 スキルセットのリストが3カラムになる

フッターエリア

　ここで変化しているのは右側のお問い合わせフォームです。モバイル版やタブレット版では入力欄がすべて縦一列に並んでいたのですが、ラップトップ版で「氏名」と「メールアドレス」の入力欄が左右に並んでいますよね（**図1-27**）。この部分に関しても、念頭に置きながらHTMLをコーディングする必要があるので、メモしておくとよいでしょう。

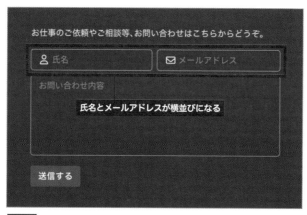

図1-27 フッターエリア

COLUMN　ブロック分解の考え方

　この章でブロック分解をして気づいたかもしれませんが、ブロックは「情報の種類やグループ」で分けるようにすると取り組みやすいです。

　また「これはどんな情報なのだろう？」「この情報はどのグループに属しているんだろう？」「どちらの情報のほうが優先されているのだろう？」と考えながら見てみると、デザイナーの意図にも気づくことができるでしょう。なぜならデザイナーも、この「情報のグルーピング」や「情報の親子関係」「与える印象の強弱」などを意識しながらデザインしているからです。

　こうしたブロック分解はすぐに手を動かしてコーディングをしないぶん、一見遠回りに見えるかもしれません。ですが、ブロックごとに要素を捉えることによって、後々のレイアウト変更にも柔軟な対応ができる、メンテナンスしやすいコードを書くためにも重要なポイントです。ぜひ本書でマスターしてくださいね。

1

7

ラップトップ版のブロック分解

CHAPTER 02

ファイルの準備

2 1 ファイル構成

　今回コーディングするモックアップをブロック分解したところで、コーディングするファイルとフォルダの準備をしましょう。ベースとなるファイルとフォルダのセットは翔泳社のダウンロードサイトで配布しているので、XIVページの「学習を始める前に」を確認してダウンロードしてください。問題なくダウンロードしてZipファイルを解凍できたら、「code」フォルダを開きます。すると、画像のような構造になっているはずです（図2-1）。

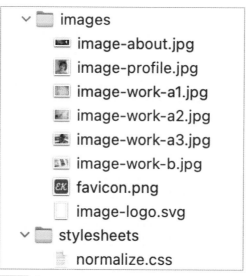

図2-1 「code」フォルダの中身

　stylesheetsフォルダに入っているnormalize.cssとimagesフォルダに入っている全画像ファイルはこれから作るページで使用するので、**いじらずそのままにしておいてください。**

　これから解説を通して、いくつかのHTMLファイルやCSSファイルをコーディングしていきますが、それぞれのお手本となる完成形が、Zipファイル直下の「code-example」フォルダに入っています。作業で迷ったときはそちらを参照するのもよいでしょう。

HTML ファイルの準備

配布されたフォルダとファイルの確認が済んだら、今度は自分がコーディングするファイルを準備しましょう。本書では基本的に Visual Studio Code を使用してコーディングを進めるので、事前にインストールしている前提で解説を進めます。このテキストエディターを開いたら、上部メニューや初期ページからフォルダを開く、もしくはフォルダをテキストエディター上にドラッグ＆ドロップして表示します（図2-2）。

図2-2 テキストエディターでフォルダを開く

フォルダをきちんと開けると、サイドバーに先ほどの階層構造を確認することができます（図2-3）。

図2-3 テキストエディターのサイドバーの様子

ファイル追加ボタン  をクリックするとサイドバーにファイル名の入力欄が表示されるので、「index.html」と書いて Enter を押下します。Webサイトにアクセスしたときに最初に表示されるページは、この「index.html」という名前をつけるのが通例となっています。

このファイル名にしておくと**URL（Webページのアドレス）を打ち込むときにファイル名を省略することができ**、例えば「https://example.com/index.html」と記載すべきところを「https://example.com/」と打ち込むだけで自動的に「index.html」の内容を表示してくれるようになっています。

CSSファイルの準備

次にスタイリングするのに必要なCSSファイルを作成します。サイドバーのstylesheetsを選択した状態で、再びファイル追加ボタンをクリックし、表示されたファイル名の入力欄に今度は「style.css」と書いて Enter を押下します。両方のファイルがきちんと作成できると、ファイル構成はこのようになっているはずです（ 図2-4 ）。

図2-4 index.htmlとstyle.cssを追加する

ベースのファイル構成ができたところで、次の節から各ファイルを一つ一つ確認していきましょう。

2 2 画像の確認

まずはimagesフォルダの中に入っているすべての画像の用途を確認します。

favicon.png

favicon（ファビコン）とはWebブラウザでWebページにアクセスする際、タブの左側に表示される小さなアイコン画像です（図2-5）。何も設定していないときはブラウザのデフォルトのアイコン画像が表示され、例えばGoogle Chromeの場合だと地球のアイコン画像になっています（図2-6、図2-7）。

図2-5　favicon.png

図2-6　faviconが設定されていない場合

図2-7　faviconが設定されている場合

そのWebサイトのブランドに合わせて設定するのが基本なので、**そのブランドのシンボルマークを表示していることがほとんど**です（図2-8）。

図2-8　faviconにはブランドのシンボルマークが表示されることが多い

image-logo.svg

これはヘッダーエリアの左側に表示するロゴの画像です（図2-9）。拡張子の.svgはこのファイルがSVGファイル（スケーラブル・ベクター・グラフィックス）であることを示しており、このファイルを拡大縮小しても画質が損なわれないのが特徴です。

写真のように複雑な画像の表示には適していないものの、ロゴのようにシンプルな画像はこのタイプのファイルを使用することが近年多くなっています。本書では詳しい説明は割愛しますが、SVGについて詳しく知りたい方はWebなどで記事を検索してみてください。

図2-9 image-logo.svg

※紙面上の見やすさを考慮し、
　実際の画像よりも色を濃くしています。

image-profile.jpg

これはサンプルとして提供した著者のプロフィール画像です（図2-10）。コーディングする際はこちらをそのまま使用するか、ご自身のプロフィール画像と差し替えてください。縦横のサイズは自由ですが、サンプルと同じ**正方形にあらかじめトリミングしておいたほうが、後々使いやすい**のでおすすめです。

図2-10 image-profile.jpg

image-work-a1.jpg と image-work-a2.jpg

これらの画像は、後ほど8-3節「（もう一歩）下層ページを作成」で使用する画像です。ホームページでは使いませんが、残しておいてください。

image-work-a3.jpg

これは過去の仕事を紹介するセクションで、1つ目の仕事を紹介する箇所に表示する素材写真です。ホームページではこのa3のみを使います。

image-work-b.jpg

これは過去の仕事を紹介するセクションで、2つ目の仕事を紹介する箇所に表示する素材写真です。

図2-11 過去の仕事を紹介するセクションで使う画像

image-about.jpg

これはサンプルとして提供した著者の自己紹介画像です（図2-12）。コーディングする際はこちらをそのまま使用するか、ご自身の自己紹介画像と差し替えてください。縦横のサイズは自由ですが、サンプルと同じ**横長の長方形にあらかじめトリミングしておいたほうが、後々使いやすいので**おすすめです。

図2-12 image-about.jpg

2

ファイルの準備

2　3　normalize.cssとreset.css

次はstylesheetsフォルダの中身を確認しましょう。この中に入っているnormalize.cssと、同じような目的で使われることの多いreset.cssについて、ここでは解説していきます。

ブラウザのデフォルトスタイル

前述の通り、ブラウザには様々な種類があり、**それぞれのブラウザにはデフォルトのCSSスタイルが設定されています**。そのため開発者側で何もスタイリングしなくても、HTMLファイルを読み込んだときに、ある程度読みやすい状態になっているというわけです。ここで一度、同じHTMLファイルを別々のブラウザで開いたときの見た目を見比べてみましょう（　図2-13　、　図2-14　）。

Designer/Developer

- Home
- Works
- About
- Contact

I'm Elle Kasai, a designer/developer based in Vancouver, Canada.

このポートフォリオサイトのコードはこちらにまとまっています。
お問い合わせはコンタクトフォームからどうぞ :)

Works

過去のお仕事 1

この文章はダミーです。文字の大きさ、量、字間、行間等を確認するために入れています。この文章はダミーです。文字の大きさ、量、字間、行間等を確認するために入れています。この文章はダミーです。文字の大きさ、量、字間、行間等を確認するために入れています。

この文章はダミーです。文字の大きさ、量、字間、行間等を確認するために入れています。この文章はダミーです。文字の大きさ、量、字間、行間等を確認するために入れています。この文章はダミーです。文字の大きさ、量、字間、行間等を確認するために入れています。

もっと読む

過去のお仕事 2

この文章はダミーです。文字の大きさ、量、字間、行間等を確認するために入れています。この文章はダミーです。文字の大きさ、量、字間、行間等を確認するために入れています。この文章はダミーです。文字の大きさ、量、字間、行間等を確認するために入れています。

この文章はダミーです。文字の大きさ、量、字間、行間等を確認するために入れています。この文章はダミーです。文字の大きさ、量、字間、行間等を確認するために入れています。この文章はダミーです。文字の大きさ、量、字間、行間等を確認するために入れています。

もっと読む

About

図2-13 Chromeで表示した場合（normalize適用前）

Designer/Developer

- Home
- Works
- About
- Contact

I'm Elle Kasai, a designer/developer based in Vancouver, Canada.

このポートフォリオサイトのコードは<u>こちら</u>にまとまっています。
お問い合わせは<u>コンタクトフォーム</u>からどうぞ :)

Works

過去のお仕事 1

この文章はダミーです。文字の大きさ、量、字間、行間等を確認するために入れています。この文章はダミーです。文字の大きさ、量、字間、行間等を確認するために入れています。この文章はダミーです。文字の大きさ、量、字間、行間等を確認するために入れています。

この文章はダミーです。文字の大きさ、量、字間、行間等を確認するために入れています。この文章はダミーです。文字の大きさ、量、字間、行間等を確認するために入れています。この文章はダミーです。文字の大きさ、量、字間、行間等を確認するために入れています。

<u>もっと読む</u>

過去のお仕事 2

この文章はダミーです。文字の大きさ、量、字間、行間等を確認するために入れています。この文章はダミーです。文字の大きさ、量、字間、行間等を確認するために入れています。この文章はダミーです。文字の大きさ、量、字間、行間等を確認するために入れています。

この文章はダミーです。文字の大きさ、量、字間、行間等を確認するために入れています。この文章はダミーです。文字の大きさ、量、字間、行間等を確認するために入れています。この文章はダミーです。文字の大きさ、量、字間、行間等を確認するために入れています。

<u>もっと読む</u>

About

図2-14 Safariで表示した場合（normalize適用前）

　見ていただくとわかるように、余白の間隔やフォントのスタイル、サイズ感が少しずつ変わっています。なぜこのようになるかというと、ブラウザごとに「**デフォルトスタイルの指定が少しずつ違う**」からです。このままの状態で私たちがスタイリングを追加していくと、完成したWebページの見た目もブラウザごとに変わってしまう可能性があります。

スタイリングを合わせるのがnormalize.css

今回使用する**normalize.css**はNicolas Gallagherさんが作ったCSSファイルです。**有用なデフォルトスタイルは残しておきつつ、バグやブラウザごとの差異を極力なくして一貫性を保ってくれる**のが特徴です。そのため何もスタイリングしなくてもブラウザごとの見た目がほぼ同じになり、可読性も損ないません（図2-15、図2-16）。

- Normalize.css
  http://necolas.github.io/normalize.css/

Designer/Developer

- Home
- Works
- About
- Contact

I'm Elle Kasai, a designer/developer based in Vancouver, Canada.

このポートフォリオサイトのコードはこちらにまとまっています。
お問い合わせはコンタクトフォームからどうぞ :)

Works

過去のお仕事 1

この文章はダミーです。文字の大きさ、量、字間、行間等を確認するために入れています。この文章はダミーです。文字の大きさ、量、字間、行間等を確認するために入れています。この文章はダミーです。文字の大きさ、量、字間、行間等を確認するために入れています。

この文章はダミーです。文字の大きさ、量、字間、行間等を確認するために入れています。この文章はダミーです。文字の大きさ、量、字間、行間等を確認するために入れています。この文章はダミーです。文字の大きさ、量、字間、行間等を確認するために入れています。

もっと読む

過去のお仕事 2

この文章はダミーです。文字の大きさ、量、字間、行間等を確認するために入れています。この文章はダミーです。文字の大きさ、量、字間、行間等を確認するために入れています。この文章はダミーです。文字の大きさ、量、字間、行間等を確認するために入れています。

この文章はダミーです。文字の大きさ、量、字間、行間等を確認するために入れています。この文章はダミーです。文字の大きさ、量、字間、行間等を確認するために入れています。この文章はダミーです。文字の大きさ、量、字間、行間等を確認するために入れています。

もっと読む

About

自己紹介

この文章はダミーです。文字の大きさ、量、字間、行間等を確認するために入れています。この文章はダミーです。文字の大きさ、量、字間、行間等を確認するために入れています。

図2-15 normalize適用後（Chrome）

Designer/Developer

- Home
- Works
- About
- Contact

I'm Elle Kasai, a designer/developer based in Vancouver, Canada.

このポートフォリオサイトのコードはこちらにまとまっています。
お問い合わせはコンタクトフォームからどうぞ :)

Works

過去のお仕事 1

この文章はダミーです。文字の大きさ、量、字間、行間等を確認するために入れています。この文章はダミーです。文字の大きさ、量、字間、行間等を確認するために入れています。この文章はダミーです。文字の大きさ、量、字間、行間等を確認するために入れています。

この文章はダミーです。文字の大きさ、量、字間、行間等を確認するために入れています。この文章はダミーです。文字の大きさ、量、字間、行間等を確認するために入れています。この文章はダミーです。文字の大きさ、量、字間、行間等を確認するために入れています。

もっと読む

過去のお仕事 2

この文章はダミーです。文字の大きさ、量、字間、行間等を確認するために入れています。この文章はダミーです。文字の大きさ、量、字間、行間等を確認するために入れています。この文章はダミーです。文字の大きさ、量、字間、行間等を確認するために入れています。

この文章はダミーです。文字の大きさ、量、字間、行間等を確認するために入れています。この文章はダミーです。文字の大きさ、量、字間、行間等を確認するために入れています。この文章はダミーです。文字の大きさ、量、字間、行間等を確認するために入れています。

もっと読む

About

自己紹介

この文章はダミーです。文字の大きさ、量、字間、行間等を確認するために入れています。この文章はダミーです。文字の大きさ、量、字間、行間等を確認するために入れています。この文章はダミーです。文字の大きさ、量、字間、行間等を確認するために入れています。

この文章はダミーです。文字の大きさ、量、字間、行間等を確認するために入れています。この文章はダミーです。文字の大きさ、量、字間、行間等を確認するために入れています。

図2-16 normalize適用後（Safari）

スタイリングをすべてなくすのがreset.css

一方で**reset.css**はデフォルトのスタイルを初期化して、まっさらな状態からスタートさせるためのCSSファイルです。つまり**フォントサイズもすべて同一のサイズになり、余白の間隔なども****すべてなくなります**。ゼロから自分でスタイリングを設定し直す必要はありますが、デフォルトのスタイルを意識せずにスタイリングできるのがメリットです。

reset.cssは慣れてきたら、自分が使うHTMLタグに合わせて、自分で設定するのが無駄がなくてよいのですが、有名なものもあるのでいくつかご紹介します（図2-17、図2-18）。

- A modern CSS reset
  https://github.com/hankchizljaw/modern-css-reset
- minireset.css
  https://github.com/jgthms/minireset.css

Designer/Developer

- Home
- Works
- About
- Contact

I'm Elle Kasai, a designer/developer based in Vancouver, Canada.

このポートフォリオサイトのコードはこちらにまとまっています。

お問い合わせはコンタクトフォームからどうぞ :)

Works

過去のお仕事 1

この文章はダミーです。文字の大きさ、量、字間、行間等を確認するために入れています。この文章はダミーです。文字の大きさ、量、字間、行間等を確認するために入れています。この文章はダミーです。文字の大きさ、量、字間、行間等を確認するために入れています。
この文章はダミーです。文字の大きさ、量、字間、行間等を確認するために入れています。この文章はダミーです。文字の大きさ、量、字間、行間等を確認するために入れています。この文章はダミーです。文字の大きさ、量、字間、行間等を確認するために入れています。

もっと読む

過去のお仕事 2

この文章はダミーです。文字の大きさ、量、字間、行間等を確認するために入れています。この文章はダミーです。文字の大きさ、量、字間、行間等を確認するために入れています。この文章はダミーです。文字の大きさ、量、字間、行間等を確認するために入れています。
この文章はダミーです。文字の大きさ、量、字間、行間等を確認するために入れています。この文章はダミーです。文字の大きさ、量、字間、行間等を確認するために入れています。この文章はダミーです。文字の大きさ、量、字間、行間等を確認するために入れています。

もっと読む

About

自己紹介

この文章はダミーです。文字の大きさ、量、字間、行間等を確認するために入れています。この文章はダミーです。文字の大きさ、量、字間、行間等を確認するために入れています。この文章はダミーです。文字の大きさ、量、字間、行間等を確認するために入れています。
この文章はダミーです。文字の大きさ、量、字間、行間等を確認するために入れています。この文章はダミーです。文字の大きさ、量、字間、行間等を確認するために入れています。この文章はダミーです。文字の大きさ、量、字間、行間等を確認するために入れています。

スキルセット

- UI/UX デザイン
- 情報設計

図2-17 reset適用後（Chrome）

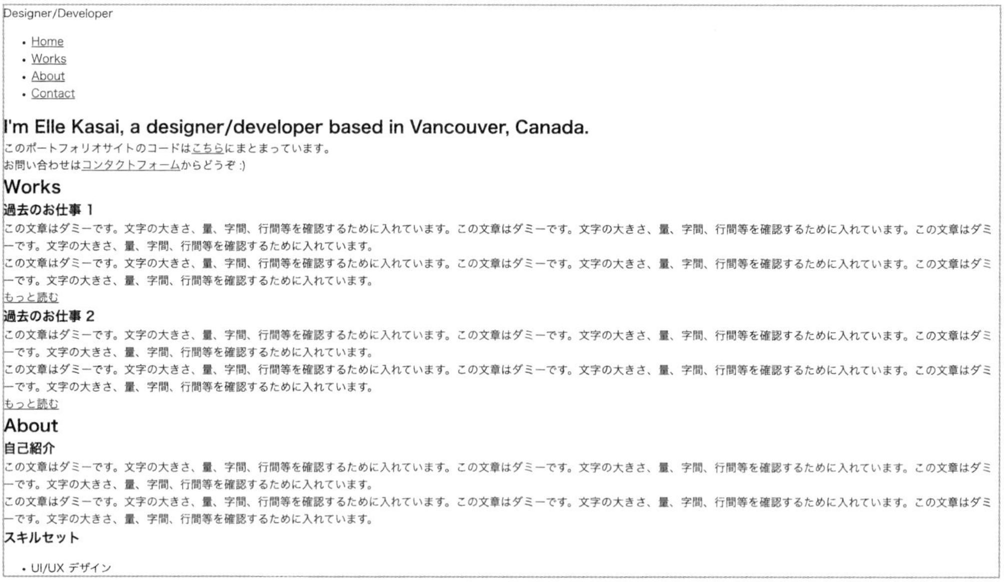

図2-18 reset適用後（Safari）

初心者におすすめしたいのはnormalize.css

　reset.cssを使ってしまうとすべてのデフォルトスタイリングが初期化されるので、制作はしやすいものの可読性が損なわれてしまうのが難点です。特に見出しのフォントサイズが同じになり、各要素の余白感がなくなってしまうのは、コーディングを始めたばかりの初心者にとってスタイリングしづらい状況といえるでしょう。ある程度スタイリングに慣れるまではnormalize.cssを使って練習することをおすすめします。

CHAPTER 03

HTMLのコーディング準備

分解したモックアップの確認 (HTML)

3　1

　ファイルと画像の確認ができたので、ここで改めて分解したモックアップも確認していきましょう。コーディングすることに慣れてきたらこの段階はスキップできるようになるのですが、本書では練習のために丁寧に見ていきます。

　順序はブロック分解したときと同様です。まずはモバイル版から、最初に分解した3つのブロックでどのHTMLタグを使うことができるのか考えましょう。ヘッダーエリアは<header>を、メインエリアは<main>を、そしてフッターエリアは<footer>タグを使うことができますよね（**図3-1**）。

図3-1　3つのブロックで
　　　　 使用するタグを考える

さらに、それぞれのエリアを見ていきましょう。**HTMLコーディングの方向性を軽く決めておくのが目的**なので、現時点では階層を1段階、深堀りするだけ で留めておき、細かなチェックは実際のコーディング時に行います。後ほどスタイリングすることを踏まえて簡単にclass名をつけておくと、HTMLコーディングがぐっと楽になります。

ヘッダーエリア

<header>の中には2つのブロックが入っていましたよね。左側はロゴ、右側にはナビゲーションが入っています。class名をつけるとしたら、"header-logo"や"header-nav"という風に名づけることができるでしょう（図3-2）。

図3-2 header-logoとheader-navに分ける

メインエリア

　<main>はまず縦3つのブロックに分けていましたよね。それぞれのブロックはHTMLでは<section>として捉えることができるので、下記のように名づけておきます（**図3-3**）。**sectionと前につけておくことで、後で<section>を使うことをメモしておく**イメージです。

- ヒーローエリア　　　　　　　　　→　section.main-hero
- これまでの仕事を紹介するエリア　→　section.main-works
- 自身について紹介するエリア　　　→　section.main-about

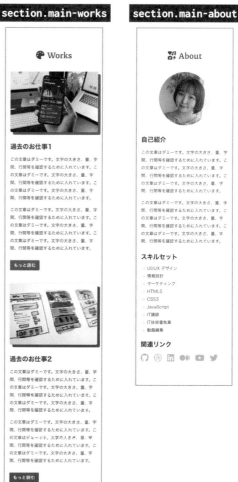

図3-3 メインの3つのブロックに名づける

フッターエリア

<footer>はまず縦2つのブロックに分けていました。上のブロックにはお問い合わせフォーム、下のブロックにはその他の情報として、ロゴやリンク集、コピーライトがまとめて含まれていました。class名をつけるとしたら、"footer-form" と "footer-info" とするのがよさそうです（図3-4）。

図3-4 footer-formとfooter-infoに分ける

3 2 レスポンシブ対応をする上で 確認すること

今回のように複数のデバイスに対応したデザインが準備されているときは、**画面サイズに応じてコンテンツの表示を最適化する**レスポンシブ対応が必要になります。ここで確認するべき点がいくつかあるので、それぞれ見ていきましょう。

（1）デザインがどう変化しているか

これはブロック分解の際に、一度ひと通り確認しておきましたが、ここで改めて目を通しておきたい項目をリストアップしてみましょう。

▶ 全体的なレイアウト

モバイル版は上から一直線に流れる1カラムベースですが、タブレット版とラップトップ版は左右にブロックが分かれた2カラムベースのレイアウトになっています。

▶ 職種の表示

モバイル版とタブレット版ではヘッダーの職種が表示されていませんが、ラップトップ版では職種が表示されています。

▶ 画像の表示

モバイル版ではヒーローエリアの画像がありませんが、タブレット版とラップトップ版では表示されています。また自己紹介エリアの画像はモバイル版とタブレット版やラップトップ版で違うものを表示する必要があります。

▶ 細かな要素のレイアウト

メインエリアのスキルセットやフッターエリアのフォームで、モバイル版では1カラムだったのが、タブレット版やラップトップ版で2カラムや3カラムに変化しています。

▶ 各要素のサイズ感やスペース間隔

各デザインでフォントサイズや画像のサイズ感、スペース間隔などが変化していることに気づくかと思います。すべてをここにリストアップすると長くなるので、実際のCSSコーディング時に解説します。

┃ (2) デザインを切り替えるタイミング

レスポンシブ対応では「どのタイミングで」、つまり**画面サイズがいくつになったときにデザインに変化をもたらすのか**を考えるのも重要です。どの画面サイズでもキレイに見えるのが理想ですが、基本的には最も多く見られているサイズに**ブレイクポイント**を合わせるのがよいでしょう。今回はベーシックに、モバイル版を375px、タブレット版を768px、ラップトップ版を1024pxに合わせてデザインを変化させていきます。

元のデザインは1024pxよりも大きな画面サイズで見たときの表示をお見せするため、あえて幅を1440pxに設定しています。ブレイクポイントが1024pxになるわけではないので、注意してください。

 ブレイクポイントとは、「モバイル版からタブレット版のデザインに」「タブレット版からラップトップ版のデザインに」という風に、デザインがガラッと切り替わるタイミングの画面サイズのことを指します。レスポンシブデザインにおいて、CSSのメディアクエリと組み合わせながら使う重要な要素です。

┃ (3) どういう順番でコーディングしていくか

最後に大事になってくるのが、「どういうアプローチでコーディングを進めるか」を考えることです。レスポンシブ対応には大きく分けてボトムアップのアプローチである「**モバイルファースト**」の手法と、トップダウンのアプローチ方法である「**デスクトップファースト**」の手法が存在します。それぞれについて、次の節から詳しく見ていきます。

3 3　ボトムアップのアプローチ方法

　　まずはボトムアップのアプローチ方法「モバイルファースト」ですが、その名の通り「モバイル版を優先する」というやり方です。これは実装の順番の話ではなく、「**モバイル端末を利用するユーザーにとって最適化された（一番快適な）状態を作る**」という意味です。

　　かつては、ラップトップ版やデスクトップ版を先に作るのが一般的だったのですが、今となってはスマートフォンの普及率も90％以上※。Web検索サイト最大手とされるGoogleも検索のアルゴリズムを変更して、モバイル版を重視して検索順位を決定しています。SEOとしても無視することはできなくなっているというわけです。

　　そのため本来、モバイルファースト自体は、コーディングの順序を指すものではないのですが、必然的に実装の順番もモバイル版が先になります。まず全体に共通したスタイリングとモバイル版のデザインを、HTMLやCSSで実装したのちに、CSSのメディアクエリを使用して、タブレット版やラップトップ版といった大きな画面用のデザインに変化させていきます。

　　CSSで例を挙げるとしたら リスト3-1 のようになります。

※出典：ソフトバンクニュース「身近で進む「デジタル化」、普及率はどれくらい？」
　https://www.softbank.jp/sbnews/entry/20220421_01

```
/* ベース→モバイル版のスタイリング */
h1 {
  margin-bottom: 25px;
  font-size: 2rem;
}

/* 画面サイズが48em（768px）以上になったらタブレット版に切り替える */
/* 16px（ブラウザのデフォルトの文字サイズ）× 48 = 768px */
@media screen and (min-width: 48em) {

  h1 {
    margin-bottom: 40px;
    font-size: 2.25rem;
  }

}

/* 画面サイズが64em（1024px）以上になったらラップトップ版に切り替える */
/* 16px（ブラウザのデフォルトの文字サイズ）× 64 = 1024px */
@media screen and (min-width: 64em) {

  h1 {
    font-size: 3rem;
  }

}
```

 remやemという単位は、どちらも倍数で相対的な値を設定したいときに使うものなのですが、初心者さんだと混乱しがちなポイントです。ここでおさらいしておきましょう。

- ●em：親要素のサイズを基準として相対的に変化する
- ●rem：root要素のサイズを基準として相対的に変化する

本書では昨今メディアクエリの指定で推奨されている「em」を切り替えの単位として使いつつ、文字サイズの指定ではブラウザのデフォルトのサイズに合わせて変化するよう「rem」を使っています。これらの単位をどこでどう使い分けるのかは、デザインの意図によってまちまちです。担当のデザイナーさんとよく相談しながら実装しましょう。

3

HTMLのコーディング準備

3 4 トップダウンのアプローチ方法

　次にトップダウンのアプローチ方法「デスクトップファースト」ですが、これは前の節で触れたことからわかるように、スマートフォンがまだそこまで普及していなかった頃に一般的だったアプローチです。目的もモバイルファーストとは逆で、「**ラップトップ版やデスクトップ版に最適化されたページを作ること**」を指します。

　実装手順としても、全サイズで共通するスタイリングやラップトップ版とデスクトップ版のデザインを先にHTMLとCSSでコーディングして、後からCSSのメディアクエリを使用してタブレット版、そしてモバイル版のデザインを順にコーディングしていきます。

　CSSで例を挙げるとしたら リスト3-2 のようになります。

リスト3-2	トップダウンのメディアクエリ設定

```css
/* ベース→ラップトップ版のスタイリング */
h1 {
  font-size: 3rem;
}

/* 画面サイズが64em(1024px)以下になったらタブレット版に切り替える */
/* 16px(ブラウザのデフォルトの文字サイズ) × 64 = 1024px */
@media screen and (max-width: 64em){

  h1 {
    margin-bottom: 40px;
    font-size: 2.25rem;
  }

}

/* 画面サイズが48em(768px)以下になったらモバイル版に切り替える */
/* 16px(ブラウザのデフォルトの文字サイズ) × 48 = 768px */
@media screen and (max-width: 48em){
```

```
  h1 {
    margin-bottom: 25px;
    font-size: 2rem;
  }

}
```

モバイルファーストが叫ばれている昨今ではありますが、未だにデスクトップファーストでコーディングするケースも多々あります。なぜならスマートフォン用のアプリケーションをデザインする場合を除いて、**デザイナーはデスクトップファーストでデザインすることもまだ多い**からです。

ほとんどの場合、デザイナーはきちんとモバイル版やタブレット版のデザインを渡してくれますが、ときにはデスクトップ版のデザインだけを提供されて、「そちらでよしなに対応してください」と言われることもあります（驚くかもしれませんが、筆者の経験談です）。

これにはいくつか理由があるのですが、例えばデザイナーにとってデスクトップ版から先にデザインしたほうが広いキャンバスを使えてクリエイティブさを発揮しやすいという声や、モバイル版だと縦にものすごく長いデザインになるので、作業しにくくなるのが嫌だという声もあります。

また、そもそもモバイル版のアクセス数がまだ少ないために、今はデスクトップ版に注力したいという会社の方針が関係してくることもよくあります。その場合、**モバイル版でもある程度の見た目を担保して、スマートフォンユーザーにとって不便なページにならないよう工夫はする**のですが、このような作り方をモバイルファーストだとみなすのは難しいでしょう。

3　5　今回のアプローチ方法を考える

　さて、ボトムアップとトップダウンそれぞれのアプローチ方法を見てきましたが、それらを踏まえて今回のアプローチ方法について解説します。

　本書ではどちらか一方に偏ったアプローチではなく、全体に共通した基本のスタイリングを優先する「**ベーシックファースト**」のアプローチをとりながら、それぞれの画面サイズに応じたスタイリングを、セクションごとに少しずつ行っていきます（**図3-5**）。

（1）HTMLはモバイル版に合わせてコーディングする
（2）CSSはまず全画面サイズに共通する基本スタイルをコーディングする
（3）次に各画面サイズのスタイリングをセクションごとに見比べながらコーディングする

全画面で共通の
スタイルは先に
コーディングしておく

・背景色や文字色
・フォントのスタイル
・ボタンのスタイル
など

図3-5
画面サイズにあわせてセクション
ごとにコーディングする

CSSで例を挙げるとしたら リスト3-3 のようになります。

リスト3-3 今回のメディアクエリ設定

```css
/* ベース→どのサイズでも共通しているスタイリング */
/* style.css */
h1 {
  margin: 0;
  font-family: "Piazzolla", serif;
  font-weight: 500;
  line-height: 1.4;
}

/* ベースとは別のファイルでモバイル版のサイズを設定する */
/* style-mobile.css */
h1 {
  margin-bottom: 25px;
  font-size: 2rem;
}

/* 画面サイズが48em(768px)以上になったらタブレット版に切り替える */
/* style-tablet.css */
@media screen and (min-width: 48em) {

  h1 {
    margin-bottom: 40px;
    font-size: 2.25rem;
  }

}

/* 画面サイズが64em(1024px)以上になったらラップトップ版に切り替える */
/* style-laptop.css */
@media screen and (min-width: 64em) {

  h1 {
    font-size: 3rem;
  }

}
```

こうすることで全体共通のスタイルと、画面サイズごとのスタイリングが分離できて、**後から見返した時にメンテナンスしやすいコード**になります。またセクションごとに少しずつスタイリングするので、初心者の皆さんにとっても、現在、自分がどのセクションをコーディングしているのか、そして画面サイズによってデザインをどう変化させているのか一緒にチェックしやすくなります。それではさっそく次の章から、HTMLをコーディングしていきましょう。

COLUMN アプローチ方法の選び方

「ベーシックファースト」なのはよいとして、モバイル版とラップトップ版のどちらから手をつけるべきかは、「そのWebページの訪問者がどちらの端末で見られることが多いか」に応じて決めるのをおすすめします。

基本的にはモバイル版から始めるのがよいとされていますが、明らかにラップトップやデスクトップでのアクセスや使用が多いページなのであれば、そちらに最適化すべくトップダウンでコーディングすべきです。

イメージしやすいのは管理者ページやダッシュボードページといった、「大量の情報を見たり格納したりする」ようなページです。これらはモバイル端末の小さな画面では見づらく、本来のタスクである管理作業がままならないため、ラップトップやデスクトップでの表示に重きを置いているのです。コーディングするときは、デザイナーやプロダクトマネージャーなどに確認しながら方針を決めるとよいでしょう。

CHAPTER 04

HTMLのコーディング

4　1　骨組みのコーディング

ひと通りの準備ができたところで、いよいよHTMLのコーディングを始めます。index.htmlと
style.cssの両ファイルをきちんと作成できていれば、サイドバーはこのような構成になっている
はずです（図4-1）。

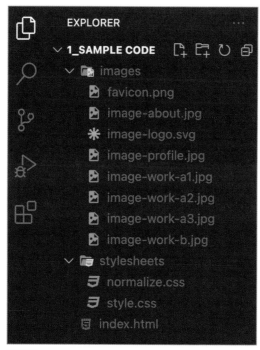

図4-1　サイドバーの構成

サイドバーでindex.htmlを選択してファイルを開き、まずは リスト4-1 の通りに骨組みをコー
ディングしてみてください。以降、コーディング手順の解説では、新規に記述したり、変更したり
するコードを　　　　　で示します。また、紙面の都合上、改行を挟む部分では ➡ のマークを掲載
しています。コーディングが完了したところで、順にコードの意味を解説していきます。

```
<!DOCTYPE html>
<html lang="ja">
<head>
    <meta charset="UTF-8">
    <meta name="viewport" content="width=device-width, initial-scale=1.0">
    <title>Sample Profile Page</title>

    <!-- Normalize.css -->
    <link rel="stylesheet" href="stylesheets/normalize.css">

    <!-- My Styles -->
    <link rel="stylesheet" href="stylesheets/style.css">

    <!-- Favicon -->
    <link rel="icon" type="image/png" href="images/favicon.png">
</head>
<body>

</body>
</html>
```

<!DOCTYPE html>

これは**DOCTYPE宣言**といって、このindex.htmlがどのバージョンのHTMLで書かれているのかをブラウザに教えてあげるための記述です。ブラウザはこの宣言の内容に合わせて、index.htmlの内容を表示してくれます。今回の記述ではこのファイルが現在主流の仕様であるHTML Living Standard（以下HTML LS）で書かれていることを宣言しています。

<html lang="ja"></html>

この部分では、これが日本語のHTMLファイルであることをブラウザに伝えています。HTML LSではそのファイルの言語を指定することが推奨されており、**langは"language"の略で、jaは"Japanese"の略です。**今回は日本語のWebページを作るため、このように記述しています。

POINT　英語のHTMLファイルの場合は、<html lang="en"></html>としましょう。

<head></head>

この部分では、このWebページの設定内容をブラウザに伝えています。このタグの内側に書かれた内容はWebページ上では表示されませんが、**タブに表示されるアイコンやタイトル、スタイリングで使用するCSSファイルのリンクなど**、大切な情報を記述します。

<meta charset="UTF-8">

この部分は、このHTMLファイルで「UTF-8」という文字コードを使用します、と伝える記述です。HTML LSではこの文字コードを使用することが推奨されており、この記述がないと文字化けが発生する場合もあります。忘れずに記載しておきましょう。

<meta name="viewport"〜>

これはページの表示領域を指定する記述です。今回のデザインのように、**デバイスごとに表示を最適化する必要があるときは、この指定をするのがGoogleで推奨されています。**
width=device-widthで「コンテンツの表示領域の横幅をきちんとデバイスの横幅に合わせてね」と、またinitial-scale=1.0で「初期表示の際におかしな拡大縮小をせずに、等倍（1倍）で表示してね」と指示しています。

<title></title>

このHTMLファイルのタイトルを伝える場所です。このタグの内側に書かれたテキストがブラウザのタブに表示される仕組みになっています。今回は「Sample Profile Page」が表示されるように設定されています。

<link>

このタグはタブに表示されるアイコンや、スタイリングに使用するCSSファイルを読み込むために必要です。「rel="そのファイルのタイプ"」と「href="そのファイルのアドレス"」を記述しましょう。「rel="icon"」はアイコンを、「rel="stylesheet"」はCSSファイルであることを示しています。

スタイリングを進めるにあたってこの<head>の内側に記載する内容も増えていきますが、現状はここまで記載しておけば十分です。このまま先に進めましょう。

<body></body>

この後、主にコーディングしていくのはこの部分です。**このタグの内側に記載された内容が、ブラウザでWebページにアクセスした際に表示される**仕組みになっています。そのため一般的にはこのタグの内側のボリュームが一番多くなります。

ここまでコーディングできたらページの骨組みは完成です。続けて少しずつベースのコーディングをして肉付けを行っていきましょう。

4 2 ベースのコーディング

　骨組みができたので、\<body\>の中身を コーディングしていきましょう。ここで先に 行った、モックアップのブロック分解を思い 出してみてください。Webページというのは **「大きなブロックの中に小さなブロックが集 まってできている」** のでしたよね。コーディ ングは大きなブロックから始めて、徐々に小 さなブロックを中に入れていきましょう。

　この節では一番大きなブロックである \<header\>、\<main\>、\<footer\>の3つを配置 します（**図4-2**）。これら3つはHTML5から追 加された新しい要素で、それぞれの意味はブ ロック分解のときに説明した、ヘッダーエリ アやメインエリア、フッターエリアと同義で す。

図4-2 一番大きなブロックから始める

各エリアに正しい要素を当てはめることによって、ブラウザにもエリアの役割をきちんと伝えることができます。まずは リスト4-2 のようにコーディングしてみてください。

リスト4-2　　　一番大きなブロックを配置する

```html
<!DOCTYPE html>
<html lang="ja">
<head>
    <meta charset="UTF-8">
    <meta name="viewport" content="width=device-width, initial-scale=1.0">
    <title>Sample Profile Page</title>

    <!-- Normalize.css -->
    <link rel="stylesheet" href="stylesheets/normalize.css">

    <!-- My Styles -->
    <link rel="stylesheet" href="stylesheets/style.css">

    <!-- Favicon -->
    <link rel="icon" type="image/png" href="images/favicon.png">
</head>
<body>
    <header></header>
    <main></main>
    <footer></footer>
</body>
</html>
```

テキストエディターでファイルを保存して、ブラウザ上でindex.htmlを更新しても何も表示されませんが、それもそのはず。これらの要素は**元々透明なブロックであり、中身が何もない限り、ぺちゃんこなのです。**今後小さなブロックが追加されていくにしたがって、少しずつ中身が表示されるようになるので問題ありません。

POINT　HTMLではタグ自体が存在していたとしても、その中に子要素が含まれていないと、高さは0pxになります。また子要素が存在していたとしても、その子要素の高さが0pxだったり、paddingやmarginが付与されていない場合も同様に0pxになります。

次に、スタイリングに使えるようにclass属性を追加しましょう（ リスト4-3 ）。タグへ直接スタイリングを指定することもできますが、ここでは避けたほうが無難です。なぜならここで**直接タグにスタイリングを施してしまうと、後から別のページで同じタグを使いたいとなったときに困ってしまう**場合があるからです。

なおこれ以降の解説では、コードの変更・修正を説明するにあたって、該当部分のコードを抜粋して掲載します。 リスト4-3 では、修正を加える<body>部分のみを掲載しています。

リスト4-3　class属性をつける

```
<body>
    <header class="header"></header>
    <main class="main"></main>
    <footer class="footer"></footer>
</body>
```

ここで<header>を使って簡単な例をご紹介しましょう。今回コーディングするモックアップはホームページといって、Webサイトの訪問者が最初にたどり着くページです。ここでは<header>の背景色は紫色ですよね。しかし、今後別のページを追加して、そこでは<header>の背景色を白にしたいとなったらどうでしょうか？

タグに直接スタイリングをしていると、そのタグの背景色や文字色をわざわざ上書きしなければならなくなります（ リスト4-4 ）。しかしclass属性をあらかじめ追加しておけば、そのclassを外して、別のclassをつけることでスタイリングを変更することができます（ リスト4-5 ）。

リスト4-4　直接タグにスタイリングした場合

```
/* ホームページのヘッダーは紫色 */
header {
  background-color: purple;
}

/* 別のページで背景色を変えるのに上書きが必要 */
header {
  background-color: white;
}
```

```css
/* ホームページのヘッダーは紫色 */
.home-header {
  background-color: purple;
}

/* 別のclassを使って上書きを回避する */
.another-header {
  background-color: white;
}
```

　このように不必要なスタイリングの上書きを防ぎ、別のページで意図せずレイアウトの崩れを引き起こさないようにするためにも、極力class属性をつけてスタイリングするよう心がけておきましょう。

4

HTMLのコーディング

4　3　\<header\>のコーディング

　ここからは大きな箱の中に、小さな箱たちを詰めていく段階に入ります。この節では\<header\>の中身をコーディングしていきましょう。ヘッダーエリアはモバイル版、タブレット版、ラップトップ版のどれでも、左右で2つの箱に分かれていましたよね（図4-3、図4-4、図4-5）。左側にはロゴと職種が、右側にはナビゲーションが含まれています。

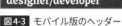

図4-3　モバイル版のヘッダー

図4-4　タブレット版のヘッダー

図4-5　ラップトップ版のヘッダー

　まずはその2つの小さな箱を作りましょう。テキストエディターで、リスト4-6のようにコーディングしてみてください。classはそれぞれheader-logoとheader-navと命名します。\<nav\>はナビゲーションを示すタグです。

リスト4-6　header-logoとheader-navを追加する

```
<body>
    <header class ="header">
        <div class="header-logo"></div>
        <nav class="header-nav"></nav>
    </header>
    <main class="main"></main>
    <footer class="footer"></footer>
</body>
```

HTMLのコーディング順序は英文を読むときの順序と似ており、左上を基準に据えて考えると
わかりやすくなります。そのため、**左から右に、そして上から下に向かってコーディングする**とレ
イアウトがスムーズに作れます。ここでは左側のheader-logoを先にコーディングし、その後に右
側のheader-navをコーディングしています（**図4-6**）。

図4-6 HTMLは左から右、上から下にコーディングする

　それでは次にheader-logoの中身を見ていきましょう。ここにはロゴと職種が入っているので
したよね。**リスト4-7**にならってコーディングしてみましょう。ロゴにはheader-logo-imgを、職種
にはheader-logo-titleを命名します。<span>は単体で意味を持たない**インライン要素**で、無駄な
改行が入らないので使用しています。

リスト4-7	header-logo-imgとheader-logo-titleを追加する

```
<header class="header">
    <div class="header-logo">
        <img class="header-logo-img" src="images/image-logo.svg" alt="logo">
        <span class="header-logo-title">Designer/Developer</span>
    </div>
    <nav class="header-nav"></nav>
</header>
```

 <span>や<a>、<strong>などのインライン要素は、主に文章を修飾したり、機能を追加
したりするために使われるものです。あくまで補佐的な役割を担っているため、そのタ
グ自体は意味のあるまとまりを持ちません。一方で<div>や<p>、<ul>といったブロック
要素はそれ自体が意味のあるまとまりを持っているので、通常次に配置された要素は改
行され、並列しません。

最後にheader-navの中身を見ていきます。ナビゲーションの中には「メニューのリスト」が入っていると考えることができるので<ul>と<li>を使い、それぞれのメニューは各セクションへ導くリンクなので<li>の中に<a>を入れます。<ul>にheader-nav-menu、<li>にheader-nav-menu-itemを命名します。

この構成はナビゲーションをコーディングするときのお決まりの組み合わせなので、慣れておくとよいでしょう。それでは リスト4-8 のようにコーディングしてみてください。<a>のリンク先は後ほど指定するので、ひとまずhref="" としておいてください。書き終えたらまた忘れずに変更内容を保存し、index.htmlを表示しているブラウザを更新してみましょう。左上に 図4-7 のような表示が出ていれば問題ありません。

リスト4-8　header-nav-menuとheader-nav-menu-itemを追加する

```
<header class="header">
    <div class="header-logo">
        <img class="header-logo-img" src="images/image-logo.svg" alt="logo">
        <span class="header-logo-title">Designer/Developer</span>
    </div>
    <nav class="header-nav">
        <ul class="header-nav-menu">
            <li class="header-nav-menu-item"><a href="">Home</a></li>
            <li class="header-nav-menu-item"><a href="">Works</a></li>
            <li class="header-nav-menu-item"><a href="">About</a></li>
            <li class="header-nav-menu-item"><a href="">Contact</a></li>
        </ul>
    </nav>
</header>
```

EK Designer/Developer

- Home
- Works
- About
- Contact

図4-7 変更内容を保存してブラウザを確認する
※左上のロゴは紙面上の見やすさを考慮して、実際よりも色を濃く加工しています。

4 4 <main>のコーディング

次に一番大きなエリアである、<main>の中身をコーディングしていきましょう。メインエリアは、画面サイズによってレイアウトがあちこち変更するので混乱してしまうかもしれませんが、慌てる必要はありません。モバイルファーストでコーディングしていくので、基本的には**モバイル版のレイアウトをベースに進めていけば大丈夫です**（**図4-8**）。

全体図

図4-8 モバイル版のメインエリア

まずはメインエリアの1階層下に3つの小さな箱を作りましょう。ご自身のテキストエディターで リスト4-9 のようにコーディングしてみてください。それぞれ別のセクションであることをブラウザに伝えるために、<section>タグを使いつつ、classはそれぞれmain-hero、main-works、main-aboutと命名します。

| リスト4-9 | main-hero、main-works、main-aboutを追加する |

```
<body>
    <header class="header">

        === 中略 ===

    </header>
    <main class="main">
        <section class="main-hero"></section>
        <section class="main-works"></section>
        <section class="main-about"></section>
    </main>
    <footer class="footer"></footer>
</body>
```

ヒーローエリアのコーディング

次に各セクションの中身をコーディングしていきます。まずはヒーローエリアですが、リスト4-10 を見ると、containerというclassがmain-hero直下に入っていることに気づくでしょう。これはラップトップ版のデザインを見るとわかりやすいのですが、大きい画面になったときでもコンテンツが必要以上に広がりすぎないよう、**横幅の最大値を設定する**ために挿入しているclassです（図4-9）。

図4-9 containerでコンテンツの最大横幅を設定する

このcontainerは他のエリアでも使うので、他のclass名と違って独立した命名規則になっており、class名に「main-hero-〜」がついていません。詳しくはCSSのスタイリング時に解説するので、ひとまずこのまま先に進めてください。

このcontainerの中に2つのブロックを作り、上をmain-hero-highlight、下をmain-hero-imgと命名します（**リスト4-10**）。モバイル版では画像がないのですが、タブレット版とラップトップ版でプロフィール画像が入るので、それに備えて画像を挿入する準備をしましょう。

また、ここで<figure>タグを使っているのは、ブラウザにこれが**図表であることを伝える**ためです。この<figure>タグは必要に応じてキャプションや注釈を付け足すこともできるのですが、今回は特に必要ないので割愛しています。

リスト4-10 main-hero-highlightとmain-hero-imgを追加する

```
<section class="main-hero">
    <div class="container">
        <div class="main-hero-highlight"></div>
        <figure class="main-hero-img"></figure>
    </div>
</section>
```

次にmain-hero-highlightの中身を見ていきましょう。まずは **リスト4-11** のようにコーディングしてみてください。このページを開いたときに最初に目に入る、一番重要なタイトル部分を<h1>とし、その文の中でも強調したい名前の箇所を<strong>で囲います。

リスト4-11 <h1>と<strong>を追加する

```
<section class="main-hero">
    <div class="container">
        <div class="main-hero-highlight">
            <h1>I'm <strong>Elle Kasai</strong>, ➡
a <strong>designer/developer</strong> based in Vancouver, Canada.</h1>
        </div>
        <figure class="main-hero-img"></figure>
    </div>
</section>
```

そして今度はリンク集を括ったブロックにmain-hero-highlight-linksを命名します（**リスト4-12**）。中にはちょっとした付け足しの1文を入れて「こちら」となっている箇所を<a>タグで囲いつつ、

外部リンクに飛ぶので別のタブで開くことをブラウザに知らせるために「target="_blank"」を記載しましょう。

 POINT 通常「target="_blank"」をつけずに記述すると、Webブラウザの同じタブでリンク先に遷移するようにできています。現在のタブを残しておいたまま、別のタブでリンク先を表示させたい場合は「target="_blank"」を記載しましょう。

　基本的には同じWebサイト内で回遊させたい場合はtargetなし、**外部サイトを表示したい場合はtargetあり**と考えておくと楽です。またコンタクトフォームにリンクしている箇所は、ヘッダー同様に別のタイミングで挿入するので、今のところはhrefを空欄にしておいてください。

リスト4-12	main-hero-highlight-linksを追加する

```
            <section class="main-hero">
                <div class="container">
                    <div class="main-hero-highlight">
                        <h1>I'm <strong>Elle Kasai</strong>, ➡
 a <strong>designer/developer</strong> based in Vancouver, Canada.</h1>
                        <div class="main-hero-highlight-links">
                            <p>このポートフォリオサイトのコードは➡
<a href="" target="_blank">こちら</a>にまとまっています。<br>お問い合わせは➡
<a href="">コンタクトフォーム</a>からどうぞ :)</p>
                        </div>
                    </div>
                    <figure class="main-hero-img"></figure>
                </div>
            </section>
```

　その下にはSNSのリンク集が入っています。このリンク集はリンクのリストと捉えることができるので、<ul>と<li>を使ってリスト化し、各リストアイテムの中にアイコンを表す<i>タグを<a>タグで囲ったリンクをそれぞれ挿入します（ リスト4-13 ）。hrefはご自身のSNSアカウントへのリンクを適宜入れてみてください。また、こちらも外部リンクなので同じように「target="_blank"」を入れるのを忘れないでください。

　<ul>にはsocial-linksというclass名をつけておくのですが、これは後ほど自己紹介エリアやフッターエリアで、まったく同じHTMLとスタイリングを使うので、汎用性を持たせたclass名となっています。CSSのところで詳しく解説するので、ひとまず先に進めましょう。

```
<section class="main-hero">
    <div class="container">
        <div class="main-hero-highlight">
            <h1>I'm <strong>Elle Kasai</strong>, ➡
a <strong>designer/developer</strong> based in Vancouver, Canada.</h1>
            <div class="main-hero-highlight-links">
                <p>このポートフォリオサイトのコードは➡
<a href="" target="_blank">こちら</a>にまとまっています。 ➡
<br>お問い合わせは<a href="#contact">コンタクトフォーム</a>からどうぞ :)</p>
                <ul class="social-links">
                    <li>
                        <a href="" target="_blank">
                            <i class="fab fa-github"></i>
                        </a>
                    </li>
                    <li>
                        <a href="" target="_blank">
                            <i class="fab fa-dribbble"></i>
                        </a>
                    </li>
                    <li>
                        <a href="" target="_blank">
                            <i class="fab fa-linkedin"></i>
                        </a>
                    </li>
                    <li>
                        <a href="" target="_blank">
                            <i class="fab fa-medium"></i>
                        </a>
                    </li>
                    <li>
                        <a href="" target="_blank">
                            <i class="fab fa-youtube"></i>
                        </a>
                    </li>
                    <li>
                        <a href="" target="_blank">
                            <i class="fab fa-twitter"></i>
                        </a>
                    </li>
                </ul>
            </div>
        </div>
        <figure class="main-hero-img"></figure>
    </div>
</section>
```

さて、各アイコンを見ると「class="fab fa-github"」という風に、それぞれclassが設定されていることがわかるかと思います。これは**Font Awesome**という外部のアイコンセットを使っているからです。Font Awesomeは世界中で最も使われているWeb用アイコンセットの1つです。Webサイトを閲覧していてよく見るようなベーシックなアイコンはもちろんのこと、今回のように様々なブランドのアイコンも気軽に使用することができるのでおすすめです。

　Font Awesomeには無料のプランと有料のプランが存在するのですが、今回のプロジェクトは無料プランで十分にカバーできます。英語のWebサイトですが、本書のステップに従ってもらえれば問題なく設定できるので、一緒に見ていきましょう。まずはFont Awesomeのトップページ（https://fontawesome.com/）を開いて、「Start for Free」をクリックしてください（**図4-10**）。

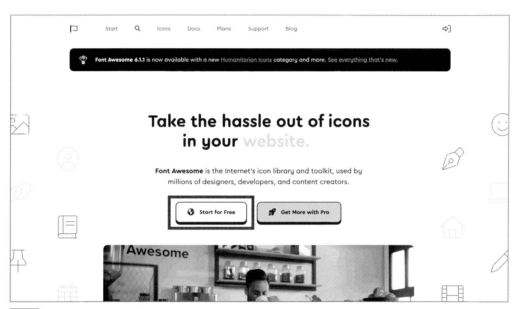

図4-10 Font Awesomeのトップページ

　「Get Started with Font Awesome」の下にある入力欄にご自身のEメールアドレスを入力し、「Send Kit Code」をクリックします（**図4-11**）。

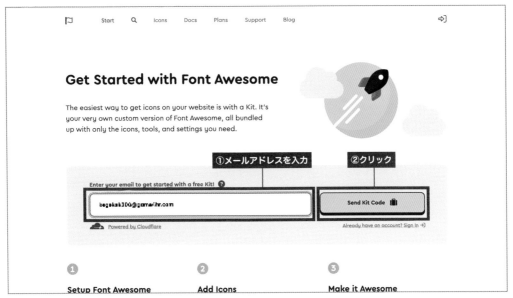

図4-11 Eメールアドレスを入力後Send Kit Codeをクリック

　「Check Your Email」の画面に遷移したら皆さんのEメールの受信トレイにFont Awesomeからのメールが届いているはずなので、Eメールの「Confirm Your Email Address」をクリックします（図4-12）。

図4-12 ご自身のEメールアドレスに確認メールが届く

クリックすると「Choose a Password」という
Webページが開くので、お好きなパスワードを入
力して「Set Password & Continue」をクリックし
ます（図4-13）。

図4-13 パスワードを設定する

最後に「Tell Us About Yourself」というページ
が表示されるので、適宜ご自身のユーザー情報を
入力した上で、下部の「All set. Let's go!」をク
リックします（図4-14）。

POINT

このユーザー情報設定は任意です。後
で設定したい場合はボタン下の「No
thanks. Let's skip this step for now.」
をクリックすることで、メインページ
に遷移することができます。

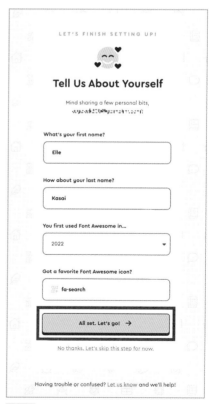

図4-14 ユーザー情報の設定を行う

「Welcome to your new Font Awesome Account + Kit」と表示されているページに遷移したら Font Awesome の登録と基本設定は完了です。次は Font Awesome をご自身の HTML で使用できるように設定していきましょう。ステップ1の「Add Your Kit's Code to a Project」というセクションで <script> タグをコピーします。「Copy Kit Code!」をクリックすると、コピーができます（ 図4-15 ）。

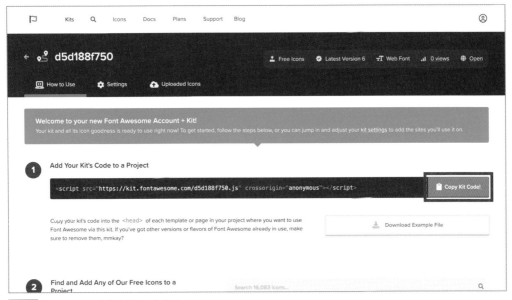

図4-15 "Copy Kit Code!" をクリックする

このコードを今コーディングしている HTML の <head> タグ内に挿入します（ リスト4-14 ）。<script> タグ内に記述されている URL のスペルはアカウントによって異なるので、画像の通りでなくても問題ありません。これでアイコンセットを使う準備は完了です。

リスト4-14 　<head> にコピーした <script> を追加する

```html
<head>
    <meta charset="UTF-8">
    <meta name="viewport" content="width=device-width, initial-scale=1.0">
    <title>Sample Profile Page</title>

    <!-- Normalize.css -->
    <link rel="stylesheet" href="stylesheets/normalize.css">
```

```
    <!-- Font Awesome -->
    <script src="https://kit.fontawesome.com/d5d188f750.js"
crossorigin="anonymous"></script>

    <!-- My Styles -->
    <link rel="stylesheet" href="stylesheets/style.css">

    <!-- Favicon -->
    <link rel="icon" type="image/png" href="images/favicon.png">
</head>
```

この部分は実行環境によって異なる

　ブラウザをリフレッシュすると設定したアイコンが表示されるはずなので確認してみましょう。ブラウザ上でアイコンが表示されていれば、きちんとFont Awesomeが適用されます（ 図4-16 ）。もしも上手く表示されていなかったら、どこかのステップで間違えているか、そもそも挿入しているアイコンのスペルが違っている可能性が高いのでチェックしてみてください。

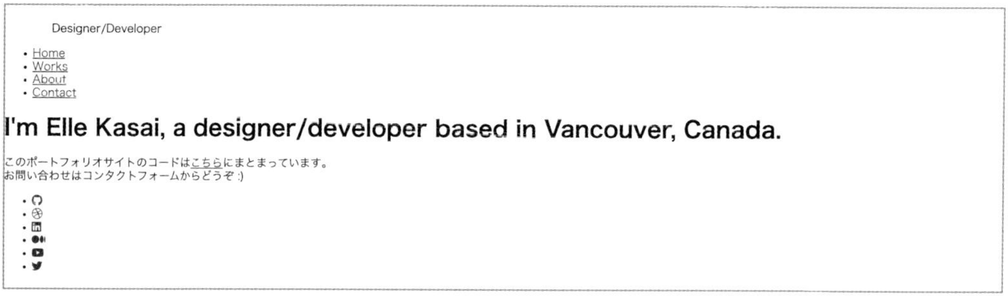

図4-16 アイコンが表示される

　最後に<figure>タグ内に<img>タグを挿入したらこのセクションは完了です。 リスト4-15 のように記載してください。altはこの画像がどんな画像なのか、ブラウザに伝えるために記載する必要があります。忘れずに記載しましょう。

リスト4-15　　main-hero-imgに<img>を追加する

```
    <section class="main-hero">
      <div class="container">

    === 中略 ===
```

```
        <figure class="main-hero-img">
            <img src="images/image-profile.jpg" alt="profile">
        </figure>
    </div>
</section>
```

 POINT altは何らかの理由で画像が上手く表示されなかった際、それが何の画像なのかをテキストで知らせてくれたり、目の不自由な方がWebサイトを閲覧したときに、音声の読み上げ機能で画像の内容を知らせてくれたりと、アクセシビリティの観点でもとても重要な部分です。

これまでの仕事を紹介するエリア

　次は過去の仕事を紹介するエリアを見ていきましょう。このエリアもヒーローエリアと同様に、まずは見出しの役割を果たす<h2>とcontainerを用意します。containerの中に各種コンテンツを入れることによって横幅が広がりすぎないようにするためです。その中にまずは、プロジェクトAとBを入れるためのブロックmain-works-itemを2つ入れましょう（ リスト4-16 ）。

リスト4-16 　　　<h2>、container、main-works-itemを追加する

```
<main class="main">
    <section class="main-hero">

    === 中略 ===

    </section>
    <section class="main-works">
        <h2></h2>
        <div class="container">
            <div class="main-works-item"></div>
            <div class="main-works-item"></div>
        </div>
    </section>
    <section class="main-about"></section>
</main>
```

ここまで書いたら、これらのブロックを上から順番に見ていきましょう。まずは\<h2\>ですが、先ほども使ったFont Awesomeのアイコンと見出しのテキストを入れます。アイコンも見出しの一部なので、\<h2\>タグ内に含めるようにしてください（ リスト4-17 ）。

```
<section class="main-works">
    <h2><i class="fas fa-palette"></i>Works</h2>
    <div class="container">
        <div class="main-works-item"></div>
        <div class="main-works-item"></div>
    </div>
</section>
```

次は各プロジェクトを入れていくmain-works-itemです。タブレット版やラップトップ版ではプロジェクトAとBで左右の配置が逆になるのですが、ここではモバイル版をベースにコーディングしているので、どちらも上に画像、下にテキストという構成になります（ 図4-17 、 図4-18 ）。

図4-18 タブレット版とラップトップ版のレイアウト

図4-17 モバイル版のレイアウト

ここでも画像であることを伝えるために<figure>タグを使用し、main-works-item-imgと命名します。その下には<div>タグでmain-works-item-textと命名しましょう（ リスト4-18 ）。後ほどCSSでレイアウトの切り替えを調整するため、**あらかじめプロジェクトAのfigureにはprimaryを、プロジェクトBのfigureにはsecondaryを追記**しています。こちらも後ほどCSSの章で解説します。

リスト4-18　main-works-item-imgとmain-works-item-textを追加する

```html
<section class="main-works">
    <h2><i class="fas fa-palette"></i>Works</h2>
    <div class="container">
        <div class="main-works-item">
            <figure class="main-works-item-img primary"></figure>
            <div class="main-works-item-text"></div>
        </div>
        <div class="main-works-item">
            <figure class="main-works-item-img secondary"></figure>
            <div class="main-works-item-text"></div>
        </div>
    </div>
</section>
```

　さらにそれぞれのブロックに中身を入れていきます。main-works-item-imgには<img>タグを、main-works-item-textには見出しの<h3>と文章の<p>、そして「もっと読む」ボタンに使う<a>タグを入れて、その<a>タグに**button-primary**と命名します。このbutton-primaryもcontainerやsocial-linksと同様に、他の箇所でも使いやすいよう汎用性を持たせたclass名となっています（ リスト4-19 ）。

　プロジェクトBも同様に入れていくのですが、ここでのボタン名は**button-secondary**に変更しているので注意してください。

リスト4-19　<img>、<h3>、<p>、<a>を追加する

```html
<section class="main-works">
    <h2><i class="fas fa-palette"></i>Works</h2>
    <div class="container">
        <div class="main-works-item">
            <figure class="main-works-item-img primary">
                <img src="images/image-work-a3.jpg" alt="Work A">
            </figure>
```

```
    <div class="main-works-item-text">
        <h3>過去のお仕事 1</h3>
        <p>この文章はダミーです。文字の大きさ、量、字間、行間等を確認する➡
ために入れています。この文章はダミーです。文字の大きさ、量、字間、行間等を確認するために入れて➡
います。この文章はダミーです。文字の大きさ、量、字間、行間等を確認するために入れています。</p>
        <p>この文章はダミーです。文字の大きさ、量、字間、行間等を確認する➡
ために入れています。この文章はダミーです。文字の大きさ、量、字間、行間等を確認するために入れて➡
います。この文章はダミーです。文字の大きさ、量、字間、行間等を確認するために入れています。</p>
        <a href="project.html" class="button-primary">もっと読む</a>
    </div>
</div>
<div class="main-works-item">
    <figure class="main-works-item-img secondary">
        <img src="images/image-work-b.jpg" alt="Work B">
    </figure>
    <div class="main-works-item-text">
        <h3>過去のお仕事 2</h3>
        <p>この文章はダミーです。文字の大きさ、量、字間、行間等を確認する➡
ために入れています。この文章はダミーです。文字の大きさ、量、字間、行間等を確認するために入れて➡
います。この文章はダミーです。文字の大きさ、量、字間、行間等を確認するために入れています。</p>
        <p>この文章はダミーです。文字の大きさ、量、字間、行間等を確認する➡
ために入れています。この文章はダミーです。文字の大きさ、量、字間、行間等を確認するために入れて➡
います。この文章はダミーです。文字の大きさ、量、字間、行間等を確認するために入れています。</p>
        <a href="project.html" class="button-secondary">もっと読む</a>
    </div>
</div>
    </div>
</section>
```

自身について紹介するエリア

　それでは最後に自己紹介するエリアのコーディングを見ていきます。\<main\>のコーディングはボリュームが多いので疲れてしまうかもしれませんが、一緒に頑張ってコーディングしていきましょう！

　まずは見出しになる\<h2\>のブロックと、横幅いっぱいに広げる画像を挿入するための\<figure\>タグのブロック、そして実際の自己紹介内容を入れるブロックの3つを作ります。\<figure\>タグにはmain-about-img、自己紹介内容を入れる\<div\>にはcontainerとそれぞれ命名しておきます（ リスト4-20 ）。

```html
<main class="main">
    <section class="main-hero">

    === 中略 ===

    </section>
    <section class="main-works">

=== 中略 ===

    </section>
    <section class="main-about">
        <h2></h2>
        <figure class="main-about-img"></figure>
        <div class="container"></div>
    </section>
</main>
```

　ここでcontainerの中に<figure>タグを入れていないのは、タブレット版とラップトップ版で画像をあえて横幅いっぱいに広げるレイアウトになっているからです（図4-19）。**containerの中に入れてしまうと、横幅の最大値が決まってしまう**ので、間違えて<figure>を中に入れないように注意しましょう。

図4-19 containerに<figure>を入れない

4

HTMLのコーディング

<h2>は前のエリアとまったく同じでFont Awesomeのアイコンを使っているので、同じように<i>タグを入れつつ見出しのテキストを書き込みます（**リスト4-21**）。

リスト4-21 **<h2>に<i>を追加する**

```
<section class="main-about">
    <h2><i class="fas fa-icons"></i>About</h2>
    <figure class="main-about-img"></figure>
    <div class="container"></div>
</section>
```

次にmain-about-imgの中身ですが、モバイル版では円形のプロフィール画像、タブレット版とラップトップ版では横幅いっぱいに広げた画像を使っていますよね。そのため2つの<img>タグを入れておき、CSSで画面サイズに合わせて見せたり隠したりする処理が必要です。後でスタイリングに使えるよう、それぞれmobileとtablet-and-upをclass名として命名しておいてください（**リスト4-22**）。

リスト4-22 **main-about-imgに2つの<img>を追加する**

```
<section class="main-about">
    <h2><i class="fas fa-icons"></i>About</h2>
    <figure class="main-about-img">
        <img class="mobile" src="images/image-profile.jpg" alt="profile">
        <img class="tablet-and-up" src="images/image-about.jpg" ➡
alt="about">
    </figure>
    <div class="container"></div>
</section>
```

最後にcontainerの中身を見ていきます。ここには2つのブロックが入っていて、上側がメインの自己紹介文のブロック、下側が補足情報のブロックになっていました。そのため2つの<div>を用意して、それぞれmain-about-descriptionとmain-about-additionと命名しておきます（**リスト4-23**）。

```
<section class="main-about">
    <h2><i class="fas fa-icons"></i>About</h2>
    <figure class="main-about-img">
        <img class="mobile" src="images/image-profile.jpg" alt="profile">
        <img class="tablet-and-up" src="images/image-about.jpg" ➡
alt="about">
    </figure>
    <div class="container">
        <div class="main-about-description"></div>
        <div class="main-about-addition"></div>
    </div>
</section>
```

そして main-about-description には見出しの<h3>と自己紹介文に使う<p>タグを入れましょう（ リスト4-24 ）。

リスト4-24　main-about-descriptionに<h3>と<p>を追加する

```
<section class="main-about">
    <h2><i class="fas fa-icons"></i>About</h2>
    <figure class="main-about-img">
        <img class="mobile" src="images/image-profile.jpg" alt="profile">
        <img class="tablet-and-up" src="images/image-about.jpg" ➡
alt="about">
    </figure>
    <div class="container">
        <div class="main-about-description">
            <h3>自己紹介</h3>
            <p>この文章はダミーです。文字の大きさ、量、字間、行間等を確認するため➡
に入れています。この文章はダミーです。文字の大きさ、量、字間、行間等を確認するために入れてい➡
ます。この文章はダミーです。文字の大きさ、量、字間、行間等を確認するために入れています。</p>
            <p>この文章はダミーです。文字の大きさ、量、字間、行間等を確認するため➡
に入れています。この文章はダミーです。文字の大きさ、量、字間、行間等を確認するために入れてい➡
ます。この文章はダミーです。文字の大きさ、量、字間、行間等を確認するために入れています。</p>
        </div>
        <div class="main-about-addition"></div>
    </div>
</section>
```

4

HTMLのコーディング

077

次にmain-about-additionですが、こちらはさらに2つのブロックが入っていましたね。上側がスキルセット、下側が関連リンク（SNSリンク）のブロックです。見出しになる`<h3>`と共に`<div>`を2つ挿入し、それぞれmain-about-addition-skills、main-about-addition-followと命名します（リスト4-25）。

リスト4-25　main-about-addition-skillsとmain-about-addition-followを追加する

```
<section class="main-about">
    <h2><i class="fas fa-icons"></i>About</h2>
    <figure class="main-about-img">
        <img class="mobile" src="images/image-profile.jpg" alt="profile">
        <img class="tablet-and-up" src="images/image-about.jpg" ➡
alt="about">
    </figure>
    <div class="container">
        <div class="main-about-description">
            <h3>自己紹介</h3>
            <p>この文章はダミーです。文字の大きさ、量、字間、行間等を確認するため➡
に入れています。この文章はダミーです。文字の大きさ、量、字間、行間等を確認するために入れてい➡
ます。この文章はダミーです。文字の大きさ、量、字間、行間等を確認するために入れています。</p>
            <p>この文章はダミーです。文字の大きさ、量、字間、行間等を確認するため➡
に入れています。この文章はダミーです。文字の大きさ、量、字間、行間等を確認するために入れてい➡
ます。この文章はダミーです。文字の大きさ、量、字間、行間等を確認するために入れています。</p>
        </div>
        <div class="main-about-addition">
            <h3>スキルセット</h3>
            <div class="main-about-addition-skills"></div>
            <h3>関連リンク</h3>
            <div class="main-about-addition-follow"></div>
        </div>
    </div>
</section>
```

さらにそれぞれ中身を入れていきます。まず上側のスキルセットはスキルのリスト群が入ります。モバイル版やタブレット版では、リストが縦に等間隔で並んでいるのでわかりにくいですが、ラップトップ版で横にスキルが3つずつ分かれて並んでいることから、**3つのリストを別々に作る必要がある**ので注意してください（リスト4-26）。

リスト 4-26 main-about-addition-skillsの中身を追加する

```html
<div class="main-about-addition">
    <h3>スキルセット</h3>
    <div class="main-about-addition-skills">
        <ul>
            <li>UI/UX デザイン</li>
            <li>情報設計</li>
            <li>マーケティング</li>
        </ul>
        <ul>
            <li>HTML5</li>
            <li>CSS3</li>
            <li>JavaScript</li>
        </ul>
        <ul>
            <li>IT講師</li>
            <li>IT技術書執筆</li>
            <li>動画編集</li>
        </ul>
    </div>
    <h3>関連リンク</h3>
    <div class="main-about-addition-follow"></div>
</div>
```

　最後に下側のブロックの中身をコーディングして終了です。main-about-addition-followの中身はヒーローエリアでも使ったSNSのリンク集です。ヒーローエリアからコードをコピーしてくると楽ですが、ペーストした後にコードに問題がないか、<u>リスト 4-27</u> と見比べながら確認してみてくださいね。

リスト 4-27　main-about-addition-followの中身を追加する

```html
<div class="main-about-addition-follow">
    <ul class="social-links">
        <li>
            <a href="" target="_blank">
                <i class="fab fa-github"></i>
            </a>
        </li>
        <li>
            <a href="" target="_blank">
                <i class="fab fa-dribbble"></i>
            </a>
        </li>
```

```
            <li>
                <a href="" target="_blank">
                    <i class="fab fa-linkedin"></i>
                </a>
            </li>
            <li>
                <a href="" target="_blank">
                    <i class="fab fa-medium"></i>
                </a>
            </li>
            <li>
                <a href="" target="_blank">
                    <i class="fab fa-youtube"></i>
                </a>
            </li>
            <li>
                <a href="" target="_blank">
                    <i class="fab fa-twitter"></i>
                </a>
            </li>
        </ul>
    </div>
```

 POINT　このように汎用性のある共通classを作っておくと、複数箇所で同じスタイリングを適用させることができて便利です。こうしておくことで後から修正があったときも、CSSファイルの該当classのスタイリングを変えることで同時に変更点を反映させることができます。
ただし修正を加えることで思わぬスタイルやレイアウトの崩れを起こす場合があるので、共通classを変更する場合は該当箇所をきちんとチェックしながら慎重に行いましょう。

　以上でメインエリアのHTMLコーディングは完了です。一度モックアップをブロック分解しておけば、基本的にHTMLのコーディングはそれに沿うだけなので楽に感じたのではないでしょうか？　テキストエディターの左側にはタグを開閉する機能が備わっていることも多いので、階層の連なりを確認するとより一層理解が深まるでしょう（**図4-20**）。

```
☰ index.html > …
  1    <!DOCTYPE html>
  2    <html lang="ja">
  3  > <head> …
 28    </head>                          ┌─────────────────────┐
 29    <body>                           │ クリックするとタグが開く │
 30      <header class="header">        └─────────────────────┘
 31        <div class="header-logo">
 32          <img class="header-logo-img" src="images/image-logo.svg" alt="logo">
 33          <span class="header-logo-title">Designer/Developer</span>
 34        </div>
 35        <nav class="header-nav">
 36          <ul class="header-nav-menu">
 37            <li class="header-nav-menu-item"><a href="#home">Home</a></li>
 38            <li class="header-nav-menu-item"><a href="#works">Works</a></li>
 39            <li class="header-nav-menu-item"><a href="#about">About</a></li>
 40            <li class="header-nav-menu-item"><a href="#contact">Contact</a></li>
 41          </ul>
 42        </nav>
 43      </header>
 44  > <main id="home"> …
186    </main>
187  > <footer id="contact" class="footer"> …
254    </footer>
255    </body>
256    </html>
257
```

図4-20 テキストエディターはタグを開閉できる

　ここまでで一度もCSSを記入していませんが、それこそが本書の狙いです。モックアップで全体のデザインを捉えながら、徐々にブロック分解して細かく観察していく。こうすることで行きあたりばったりのコーディングではなく、**HTMLの骨組みやclassの命名に規則性を持たせる**ことができます。規則性があると可読性も向上し、後々コードをメンテナンスするときに楽になるので、日頃からぜひとも心がけていただきたいです。

4

HTMLのコーディング

081

4　5　<footer>のコーディング

　最後に<footer>の中身をコーディングしていきましょう。フッターエリアはモバイル版で上下に2つのブロックが重なっていて、タブレット版とラップトップ版でその2つのブロックが左右に分かれていましたよね。モバイル版をベースに考えると、上側のブロックにはお問い合わせフォームが、下側のブロックにはロゴやリンク集、コピーライトが含まれていました（**図4-21**、**図4-22**、**図4-23**）。

図4-21 モバイル版のフッター

図4-22 タブレット版のフッター

図4-23 ラップトップ版のフッター

まずは他のセクションと同様にcontainerをfooterの直下に挿入することによって、大きい画面になったときでもコンテンツが広がりすぎないように制御します。その中に2つのブロックを作るという流れなので、ご自身のテキストエディターで リスト4-28 のようにコーディングしてみてください。classはそれぞれfooter-formとfooter-infoと命名します。

リスト4-28　　footer-formとfooter-infoを追加する

```
<body>
    <header class ="header">

    === 中略 ===

    </header>
    <main class="main">

    === 中略 ===

    </main>
    <footer class="footer">
        <div class="container">
            <div class="footer-form"></div>
            <div class="footer-info"></div>
        </div>
    </footer>
</body>
```

　これまでと同様にモバイル版のレイアウトを優先してコーディングしているので、上側のfooter-formを先にコーディングし、その後に下側のfooter-infoをコーディングしています（図4-24）。

図4-24 左から右、上から下へコーディングする

それでは次にfooter-formの中身を見ていきましょう。フォームの簡単な説明文と、実際のフォームが縦に並んでいます。これはタブレット版やラップトップ版でも変わりません。リスト4-29 にならってコーディングしてみましょう。

リスト4-29 にならってコーディングしてみましょう。

リスト4-29　footer-formの中身を追加する

```html
<footer class="footer">
    <div class="container">
        <div class="footer-form">
            <p>お仕事のご依頼やご相談等、お問い合わせはこちらからどうぞ。</p>
            <form action="action.php" method="post" name="contact-form">
                <div class="footer-form-input">
                    <i class="far fa-user"></i>
                    <input type="text" placeholder="氏名">
                </div>
                <div class="footer-form-input">
                    <i class="far fa-envelope"></i>
                    <input type="email" placeholder="メールアドレス">
                </div>
                <div class="footer-form-textarea">
                    <textarea placeholder="お問い合わせ内容"></textarea>
                </div>
                <input type="submit" value="送信する" class="button-primary">
            </form>
        </div>
        <div class="footer-info"></div>
    </div>
</footer>
```

必要がないので<p>や<form>自体にはclassをつけなくてもかまいませんが、<form>内のfooter-form-inputやfooter-form-textareaは今後CSSでスタイリングする際に備えてclassがついているので注意してください。後から自分がコードを見たときや、他の人がコードを見たときにわかりやすいよう、**classの名前は丁寧につけることを心がけてください**。

 すべてのタグにclass名をつける必要はありません。「後で使うかもしれないから……」とCSSに記述がないのにclass名をつけてしまうと、後で検索するのに邪魔になってしまったり、無駄にファイルが冗長になってしまったりしてメンテナンス性を低下させてしまいます。これはHTMLの階層構造でも同様です。ブロック分解時の分け方に固執して不必要な入れ子を作ってしまわないように注意してください。必要十分なHTMLとCSSを書けるかどうかが、腕の見せどころです！

次はfooter-infoの中身を見ていきます。ここのセクションは大きく3つのエリアに分かれていました。ロゴや各セクションに導くリンクはナビゲーションとして1つのブロックにして、その下の各種SNSのリンク集のブロック、最後にコピーライトのブロックがあります。 リスト4-30 のようにコーディングしてみましょう。

リスト4-30 footer-info-nav、footer-info-follow、footer-info-copyを追加する

```html
<footer class="footer">
    <div class="container">
        <div class="footer-form">
            <p>お仕事のご依頼やご相談等、お問い合わせはこちらからどうぞ。</p>
            <form action="action.php" method="post" name="contact-form">
                <div class="footer-form-input">
                    <i class="far fa-user"></i>
                    <input type="text" placeholder="氏名">
                </div>
                <div class="footer-form-input">
                    <i class="far fa-envelope"></i>
                    <input type="email" placeholder="メールアドレス">
                </div>
                <div class="footer-form-textarea">
                    <textarea placeholder="お問い合わせ内容"></textarea>
                </div>
                <input type="submit" value="送信する" class="button-primary">
            </form>
        </div>
        <div class="footer-info">
            <div class="footer-info-nav"></div>
            <div class="footer-info-follow"></div>
            <p class="footer-info-copy"></p>
        </div>
    </div>
</footer>
```

さらにfooter-info-navの中はロゴとリンクで分けられるので、リスト4-31のようにコーディングします。

リスト4-31 footer-info-navの中身を追加する

```html
<div class="footer-info">
    <div class="footer-info-nav">
        <img class="footer-info-nav-img" src="images/image-logo.svg" ➡
alt="logo">
        <nav class="footer-info-nav-menu">
            <ul>
                <li><a href="">Home</a></li>
                <li><a href="">Works</a></li>
                <li><a href="">About</a></li>
            </ul>
        </nav>
    </div>
    <div class="footer-info-follow"></div>
    <p class="footer-info-copy"></p>
</div>
```

footer-info-followの中身は<header>や<main>でコーディングしたsocial-linksとまったく同じものを使って問題ありません。コードをコピーしてきて、貼り付けてしまいましょう（リスト4-32）。

リスト4-32 footer-info-followの中身を追加する

```html
<div class="footer-info-follow">
    <ul class="social-links">
        <li>
            <a href="" target="_blank">
                <i class="fab fa-github"></i>
            </a>
        </li>
        <li>
            <a href="" target="_blank">
                <i class="fab fa-dribbble"></i>
            </a>
        </li>
        <li>
            <a href="" target="_blank">
                <i class="fab fa-linkedin"></i>
            </a>
        </li>
```

```
            <li>
                <a href="" target="_blank">
                    <i class="fab fa-medium"></i>
                </a>
            </li>
            <li>
                <a href="" target="_blank">
                    <i class="fab fa-youtube"></i>
                </a>
            </li>
            <li>
                <a href="" target="_blank">
                    <i class="fab fa-twitter"></i>
                </a>
            </li>
        </ul>
    </div>
```

最後にfooter-info-copyの中身も忘れずに追加してください（ リスト4-33 ）。

リスト4-33	footer-info-copyの中身を追加する

```
<p class="footer-info-copy">
    <small>© 2022 Elle Kasai. All Rights Reserved.</small>
</p>
```

これでひと通りのHTMLコーディングが完了しました。

HTMLのコーディング

4

4 6　ナビゲーションの設定

　ひと通りHTMLのコーディングが終わったところで、最後に各ナビゲーションのリンク先とID
の設定をしておきましょう。

ヘッダーとフッターの href を設定

　まずはヘッダーとフッターでhrefのリンクを設定します。ヘッダーを下記のようにコーディン
グしてください（ リスト4-34 ）。**ページ内リンクは「#」から始める**のがルールです。

リスト4-34　　ヘッダーにナビゲーションを追加する

```
<header class ="header">
    <div class="header-logo">
        <img class="header-logo-img" src="images/image-logo.svg" alt="logo">
        <span class="header-logo-title">Designer/Developer</span>
    </div>
    <nav class="header-nav">
        <ul class="header-nav-menu">
            <li class="header-nav-menu-item"><a href="#home">Home</a></li>
            <li class="header-nav-menu-item"><a href="#works">Works</a></li>
            <li class="header-nav-menu-item"><a href="#about">About</a></li>
            <li class="header-nav-menu-item"><a href="#contact">Contact</a></li>
        </ul>
    </nav>
</header>
```

POINT　同じページ内の別セクションに移動させるには、「#」から始めるページ内リンクを設定
します。後述のIDと必ずセットにする必要があるので、どちらも忘れずにつけるように
しましょう。

コンタクトフォームへのリンクはヒーローエリアにもあるので、同様にリンクを追加します（ リスト4-35 ）。

リスト4-35 ヒーローエリアにリンクを追加する

```
<div class="main-hero-highlight-links">
    <p>このポートフォリオサイトのコードは<a href="" target="_blank">こちら➡
</a>にまとまっています。<br>お問い合わせは<a href="#contact">コンタクトフォーム</a>から➡
どうぞ :)</p>
    <ul class="social-links">
```

フッターでも同じリンクが使われているので、忘れずに設定しましょう（ リスト4-36 ）。

リスト4-36 フッターにナビゲーションを追加する

```
<nav class="footer-info-nav-menu">
    <ul>
        <li><a href="#home">Home</a></li>
        <li><a href="#works">Works</a></li>
        <li><a href="#about">About</a></li>
    </ul>
</nav>
```

各セクションにIDを付与する

リンクの設定が完了したら、次はそれに対応するIDを各セクションに追記しましょう。全部で4つのIDを付与する必要があるので、付与する位置にも注意しながら下記のように追記します（ リスト4-37 ）。

リスト4-37 各セクションにIDを追加する

```
<main id="home" class="main">
    <section class="main-hero">

    === 中略 ===

    </section>
    <section id="works" class="main-works">
```

```
    === 中略 ===

    </section>
    <section id="about" class="main-about">

    === 中略 ===

    </section>
  </main>
  <footer id="contact" class="footer">

    === 中略 ===

  </footer>
```

挙動の確認

設定が完了したら、それぞれのリンクをクリックしてきちんと該当箇所に飛ぶか確認します。今はHTMLだけなのでWebページ上ではわかりにくいかもしれませんが、後ほどCSSのスタイリングが済めば挙動も確認しやすくなります。今はひとまず**リンクの名前とリンク先が合っているかをアドレスバーで確認**してください（図4-25）。

図4-25 各メニューをクリック時に該当箇所にページ内遷移するか確認する

ひと通りHTMLコーディングが完了すると、ブラウザ上はこのようになります（図4-26）。CSSによるスタイリングがされていないため、画像が極端に大きくなっていますが、後で調整するので心配いりません。それでは次の章からCSSのコーディングに移りましょう。

❶

❷

❶

Designer/Developer

- Home
- Works
- About
- Contact

I'm Elle Kasai, a designer/developer based in Vancouver, Canada.

このポートフォリオサイトのコードは<u>こちら</u>にまとまっています。
お問い合わせはコンタクトフォームからどうぞ :)

- ⏻
- ⊗
- in
- ◐⬤
- ▶
- ⤬

❷

過去のお仕事 1

この文章はダミーです。文字の大きさ、量、字間、行間等を確認するために入れています。この文章はダミーです。文字の大きさ、量、字間、行間等を確認するために入れています。この文章はダミーです。文字の大きさ、量、字間、行間等を確認するために入れています。

この文章はダミーです。文字の大きさ、量、字間、行間等を確認するために入れています。この文章はダミーです。文字の大きさ、量、字間、行間等を確認するために入れています。この文章はダミーです。文字の大きさ、量、字間、行間等を確認するために入れています。

もっと読む

図4-26 ひと通りのHTMLコーディングが完了した

❸

過去のお仕事 2

この文章はダミーです。文字の大きさ、量、字間、行間等を確認するために入れています。この文章はダミーです。文字の大きさ、量、字間、行間等を確認するために入れています。この文章はダミーです。文字の大きさ、量、字間、行間等を確認するために入れています。

この文章はダミーです。文字の大きさ、量、字間、行間等を確認するために入れています。この文章はダミーです。文字の大きさ、量、字間、行間等を確認するために入れています。

もっと読む

About

❹

自己紹介

この文章はダミーです。文字の大きさ、量、字間、行間等を確認するために入れています。この文章はダミーです。文字の大きさ、量、字間、行間等を確認するために入れています。この文章はダミーです。文字の大きさ、量、字間、行間等を確認するために入れています。

この文章はダミーです。文字の大きさ、量、字間、行間等を確認するために入れています。この文章はダミーです。文字の大きさ、量、字間、行間等を確認するために入れています。この文章はダミーです。文字の大きさ、量、字間、行間等を確認するために入れています。

スキルセット

- UI/UX デザイン
- 情報設計
- マーケティング

- HTML5
- CSS3
- JavaScript

- IT講師
- IT技術書執筆
- 動画編集

関連リンク

お仕事のご依頼やご相談等、お問い合わせはこちらからどうぞ。

氏名
メールアドレス
お問い合わせ内容

送信する

- Home
- Works
- About

© 2022 Elle Kasai. All Rights Reserved.

図4-26 ひと通りのHTMLコーディングが完了した（続き）

CHAPTER 05

CSS のコーディング準備

5 1 分解したモックアップの確認 (CSS)

　ベースのHTMLが準備できたので、ここで改めてモックアップを確認します。ただし、今回注目するのは構成ではなく、**背景色やテキストの大きさや色、太さといった細かなグラフィック要素**です。今回のページではいくつの色が使われているでしょうか？　テキストの大きさは何パターンあるでしょうか？

全体を通していえること

　まず注目してほしいのは使っているfont-familyです。見出しでセリフ体、通常の文章でサンセリフ体を使っていることがわかります。さらにセリフ体の箇所は英語、サンセリフ体の箇所は日本語と、基本的に**2種類の言語を規則的に使っている**ことにも気づきます。このセリフ体はGoogle Fontを使っているのですが、後ほど実装するときに詳しく解説します。

ヘッダーエリア

　まずヘッダーエリアの背景色は紫ですよね。そしてモバイル版とタブレット版では役職が隠れていますが、ラップトップ版では役職が表示されるように変更する必要があります。またメニューの文字の大きさはタブレット版から少し大きくなっていることにも注目です。

　テキストの色は白っぽく見えますが、実は次に紹介する「これまでの仕事を紹介するエリア」で、背景色に使っている薄いピンクと同じです。色の違いに敏感な方は、白ではないことに気づいたかもしれませんね（図5-1）。

図5-1 ヘッダーのスタイリングに注目する

メインエリア

　メインエリアは3つのセクションに分かれていますが、それぞれ違う背景色を使っていることに気づくはずです。ヒーローエリアはヘッダーと同じ紫を使用していて、これまでの仕事を紹介するエリアは薄いピンク。そして自身について紹介するエリアは白を使っていますね。これはどのウィンドウサイズでも同じです（ 図5-2 ）。

図5-2 メインエリアの背景色に注目する

　テキストはどうでしょうか？　まず色についてですが、ヒーローセクションはヘッダーエリアと同様に薄いピンクを使用しています。他2つのセクションは紺色っぽい黒を使っていて、フッターエリアの背景色と一緒です。太さは見出しで太くなっていて、文章は通常の太さに設定されていますね。

他にも注目するべきなのは各リンクの色やボタンの色です。ヘッダーエリアやヒーローエリアではリンク色も他のテキストと同じ色になっていますが、自身について紹介するエリアでは薄い茶色になっていることがわかります。さらにボタンにも2種類の背景色があって、紫と紺色のパターンがあることに気づけるはずです（ 図5-3 ）。

図5-3 テキストやボタンのスタイルに注目する

フッターエリア

　最後にフッターエリアですが、まず背景色は先ほどメインエリアの解説で述べたように、基本の
テキスト色と同じ紺色っぽい黒を使用しています。お問い合わせフォームのボタンはこれまでの
仕事を紹介するエリアで使った紺色のボタンと同じ色です（図5-4）。

図5-4　フッターで使われている色に注目する

　テキストの色はこちらも白っぽく見えますが、実はヘッダーエリアやメインエリアと同じ薄い
ピンクを使用しています。ただしSNSのリンクやお問い合わせフォームのプレースホルダー、コ
ピーライトでは、薄いグレーが使われています。

　またテキストの大きさは、全体的に同じ大きさが使われていますが、コピーライトは少し小さく
なっていますよね。そしてそのコピーライトだけはfont-familyの規則から外れて、**英語であって
も可読性を高めるためにサンセリフ体が使われている**ので注意してください。

5 2　デザイナーに確認しておきたいこと

　さて、あえてモックアップの確認時には触れなかったのですが、コーディングに移る前に気づいておきたい箇所がいくつかありました。その中には、あらかじめデザイナーに方針を確認しておくべき内容もあります。1つずつ確認していきましょう。

全体を通していえること

　まず、先ほどの節でも触れたフォントについてですが、結局のところどのフォントを使っていて、それぞれの大きさがどれくらいなのかはわかりませんよね。画像や余白感といったそれぞれの要素の大きさもおおよその感覚でしかわかりません。さらにそれぞれの色や影の色もデザイナーに確認する必要があります。

ヘッダーの挙動

　お手本のindex.htmlをブラウザで開くとわかるのですが、このヘッダーはページをスクロールしたときに追従し、ユーザーがいつでもメニューにアクセスできるようデザインされています。このヘッダーの挙動はよくあるパターンで、場合によっては追従が始まったときに背景色が変わったり、ヘッダー自体の高さが変わったりすることもあります。しかし、モックアップでは直接それらについての指示が書いてありません。

ボタンやリンクの挙動

　次はボタンやリンクについてです。皆さんも様々なWebサイトやWebサービスを使っていてお気づきだと思いますが、基本的にボタンやリンクはユーザーに「これはクリックできるよ」と伝えるため、**カーソルを合わせたりタップしたりしたときに、何かしらの挙動の変化を見せることが必要**です。モックアップだとこれらがどのように変化するのかが伝わってこないですよね。

フォームの挙動

お問い合わせフォームも同様です。カーソルを合わせたときや、クリックしたときにどんな挙動の変化があるのか、テキストを打ち込んだら色や大きさはどうなのか、これらもデザイナーに確認してほしい部分です。

細かな指示が記載されていない場合

こうしたことが起きないよう、基本的にデザイナーは指示書やスタイルガイドを添付してデザインを渡していることが多いのですが、現在はそうした指示出しの手間を軽くできるように様々なサービスが使われています。InVisionやZeplinなど、有名なサービスはいくつかあるのですが、今回はここ数年注目されている **Figma** を使ってデザインを見てみましょう。こちらのURLにアクセスしてみてください。

● Figma
https://www.figma.com/

アクセスすると 図5-5 のような画面が表示されるので、「Sign up free」か「Get started」をクリックしてFigmaのアカウントを作成します。どちらも同じページに繋がっているので、どちらから進めていただいても問題ありません。

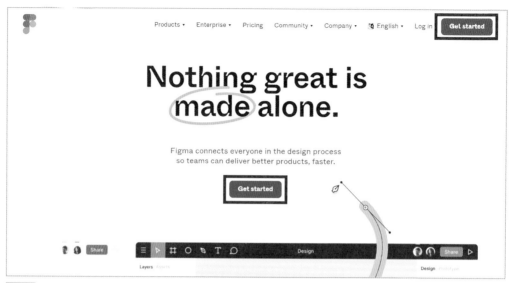

図5-5 Figmaのトップページ

　どちらかのボタンをクリックするとこのようなポップアップが表示されるので、メールアドレスと任意のパスワードを入力してから「Create account」をクリックします（**図5-6**）。

図5-6 メールアドレスと任意のパスワードを入力する

「Tell us about yourself」と表示されるので、その下の記入欄に自分の名前を記入し、どんな仕事をしているのか選択します。するとその下にFigmaの用途について選択肢が表示されるので、適宜選んでから「Create account」をクリックしてください。本書では「For personal use」を選択しました（図5-7）。その下のメーリングリストへの追加は任意なので、お好みでチェックをつけてかまいません。

図5-7 ご自身についての情報を適宜入力する

メールアドレスの承認が必要というポップアップが表示されるので、ご自身のメールの受信トレイを確認して、「Verify email」をクリックします（図5-8）。これでアカウント作成は完了です。

図5-8 届いたEメールを開いて認証する

アカウント作成後、再びFigmaにアクセスすると、Figmaのメインページが表示されます。この画面で「Import file」をクリックすると、ファイルを選択するウインドウが表示されます。そこで、本書のサンプルファイルの「design」フォルダ内にある「design-block-coding.fig」というFigmaファイルを選択します（ダウンロードの詳細はXIVページを参照してください）。

図5-9　「Import file」をクリック

デザインファイルはデータサイズが大きくなりがちなので、インポートするのに少し時間がかかるかもしれません。ファイル名の左側に緑のチェックマークがついて、赤い「Cancel」ボタンが青い「Done」ボタンに変わったらインポート完了です（**図5-10**、**図5-11**）。

図5-10　インポート中

図5-11　インポート完了

ポップアップを閉じると新しいファイルがメインページに追加されているので、そちらをダブルクリックして開いてください（図5-12）。

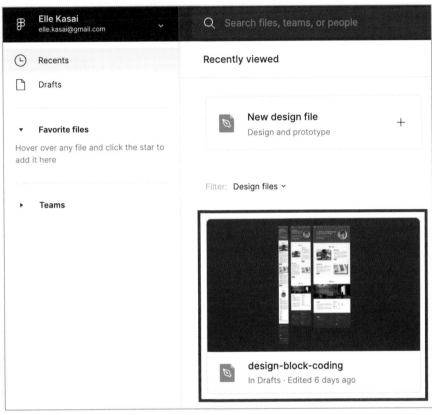

図5-12 インポートしたデザインを開く

デザインファイルを開くことができたら、右上の「Inspect」をクリックしてみましょう（図5-13）。各要素をクリックすると、その要素に合わせてサイズや色などの情報を確認することができます。

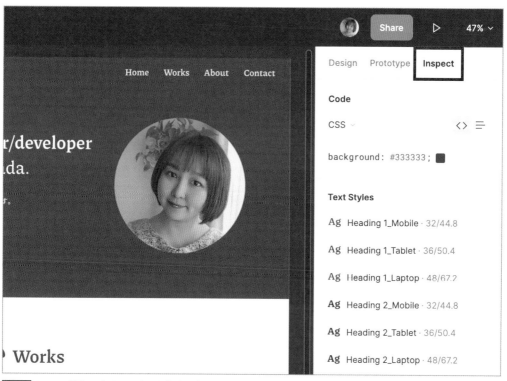

図5-13 Inspect機能でデザインの細かな指定を確認する

ユーザーインターフェースはすべて英語なのですが、難しい英語はあまり使われていないので理解しやすいはずです。今後のCSSコーディングは本書の解説に加え、このFigmaの画面も適宜確認しながら進めてみてください。hover時やfocus時のスタイル変化についてもFigmaファイル上にコメントで記載しておいたので、コーディングの参考にすると進めやすいでしょう。

5　3　ファイルの準備

ひと通りCSSコーディングに関わってくるデザインの確認が済んだので、テキストエディターでstyle.cssを開いて、CSSコーディングを進める準備をしましょう。

CSSコーディングでは**classのネーミングの時点でどのパーツをスタイリングしているのかわかりやすくしておく**のが基本です。また適宜コメントを入れることによって注意点や大事なポイントを伝えることができ、自分にとってもチームメンバーにとっても後々の助けとなります。

またセクションごとにコメントを入れてスタイリングを分けることによって、後からファイルを読み返したときに素早く目的のパーツを発見する手助けにもなります。今回はそちらの用途で、style.cssに下記のように記入してみましょう。

本書のサンプルコードでは、よりセクションの区切りがわかりやすくなるよう、装飾的なコメントをつけてセクションヘッダーのようにしていますが、自分やチームメンバーにとってわかりやすければ問題ありません。まずは リスト5-1 のように、シンプルなコメントを入れてみるところから始めましょう。

リスト5-1　コメントを使ってセクションを分ける

```
/*--- Default Styling ---*/

/* Reusable Classes */

/* Header */

/* Main - Hero */

/* Main - Works */

/* Main - About */

/* Footer */
```

5

CSSのコーディング準備

ブラウザは上から下に1行ずつ指示を読み込んでいきます。そのため基本的には、より下にあるスタイリングがより上のスタイリングを上書きするようになっているのです。つまりファイルの上のほうに全体で使うデフォルトのスタイリングを記入し、下のほうに各セクションのスタイリングを記入していくことによって、デフォルトのスタイリングを上書きできるようにするわけです。

さらに本書でレスポンシブ対応する際には、モバイル版やタブレット版、ラップトップ版のCSSファイルを別途作成してHTMLファイルで読み込みます。これは1つのCSSファイルが長くなりすぎないようにという配慮です。

レスポンシブ対応自体は別の章で行いますが、ここでは先にCSSファイルを準備してindex.htmlで読み込んでおきましょう。

Visual Studio Codeでstyle.cssを作成したときと同様に、stylesheetsフォルダ内に「style-mobile.css」「style-tablet.css」そして「style-laptop.css」を作成します。その後、style.cssに記述したコメントをすべて選択した上でコピーし、3つのCSSファイルにそれぞれ貼り付けましょう。各ファイルの1行目はそのファイルのタイトルなので、それぞれ下記のように変更しておいてください。

- style-mobile.css　→　Mobile Styling
- style-tablet.css　→　Tablet Styling
- style-laptop.css　→　Laptop Styling

このようにタイトルを変更することによって、そのCSSファイルが何について記述されているのかわかりやすくなります（図5-14）。

```
stylesheets > ≡ style-mobile.css
 1    /*--- Mobile Styling ---*/
 2
 3    /* Reusable Classes */
 4
 5    /* Header */
 6
 7    /* Main - Hero */
 8
 9    /* Main - Works */
10
11    /* Main - About */
12
13    /* Footer */
```

図5-14 style-mobile.cssの中身

問題なく作成できていれば、サイドバーは 図5-15 のように
なっているはずです。

ここで新たにCSSファイルを3つ作ったので、**忘れずに
HTMLファイルにも読み込ませておきましょう**。style.css
を読み込んでいるすぐ下にこのように記述してください
（ リスト5-2 ）。これでレスポンシブ対応の準備も完了です。

図5-15 3つのCSSファイルを追加した
後のサイドバー

リスト5-2	HTMLに3つのCSSファイルを読み込む

```html
<!DOCTYPE html>
<html lang="ja">
<head>
    <meta charset="UTF-8">
    <meta name="viewport" content="width=device-width, initial-scale=1.0">
    <title>Sample Profile Page</title>

    <!-- Normalize.css -->
    <link rel="stylesheet" href="stylesheets/normalize.css">

    <!-- Font Awesome -->
    <script src="https://kit.fontawesome.com/d5d188f750.js"
crossorigin="anonymous"></script>

    <!-- My Styles -->
    <link rel="stylesheet" href="stylesheets/style.css">
    <link rel="stylesheet" href="stylesheets/style-mobile.css">
    <link rel="stylesheet" href="stylesheets/style-tablet.css">
    <link rel="stylesheet" href="stylesheets/style-laptop.css">

    <!-- Favicon -->
    <link rel="icon" type="image/png" href="images/favicon.png">
</head>
```

5 4 スタイリングする際に気にかけること

さてひと通りHTMLのコーディングとCSSの準備も済ませ、いよいよ次の章からCSSコーディングを始められるところまで来ました。ここでデザイナーも兼務している著者から、**「デザイナー視点」で見たときに、コーディングで気にかけてほしい点**をいくつかアドバイスします。

┃ ルックアンドフィールを大切にする

HTML/CSSで実装していると適当に対処しがちなのが、サイズ感覚や余白感の違いです。ときにはスタイルガイドを渡しているにもかかわらず、色味やフォントサイズがまるで違うこともあります。

レスポンシブ対応がスタンダードになっている昨今においては、もはやピクセルパーフェクト（デザインと実装を完全に一致させるコーディング）を求めるのは現実的ではありません。なぜなら画面のサイズやコンテンツの長さ、多さによってデザインは柔軟に変化できなければならず、それらのバリエーションをすべて準備するのは途方もない作業になってしまうからです。

そこで大事になってくるのが**「ルックアンドフィールを合わせる」**ということ。つまり「元のデザインと見比べたときに十分同じように見える、感じるだろうか？」ということを、常に頭で考えながらコーディングしてほしいのです。

色味に関しては、デザイナーの指示に従ったり、カラーピッカーを使ったりすれば、元のデザインを忠実に再現しやすいでしょう。しかし、スペースやサイズで「十分同じように見える」というのが、初心者にはちょっと難しかったりするのです。デザインのディテールにまで目が行き届くよう、実装の場数を踏みながら鍛えていきましょう。本書でも最低限気にかけていただきたいところを下記に記載しておきます。

縦と横のスペースのバランス

　ボタンやカードスタイルのコンポーネントで気にするとよいのが、縦と横のスペースのバランスです。基本的にこのようなコンポーネントは上下と左右でスペースのサイズを合わせていることが多いので、それを意識するだけでもぐっとキレイに見えます（ 図5-16 ）。

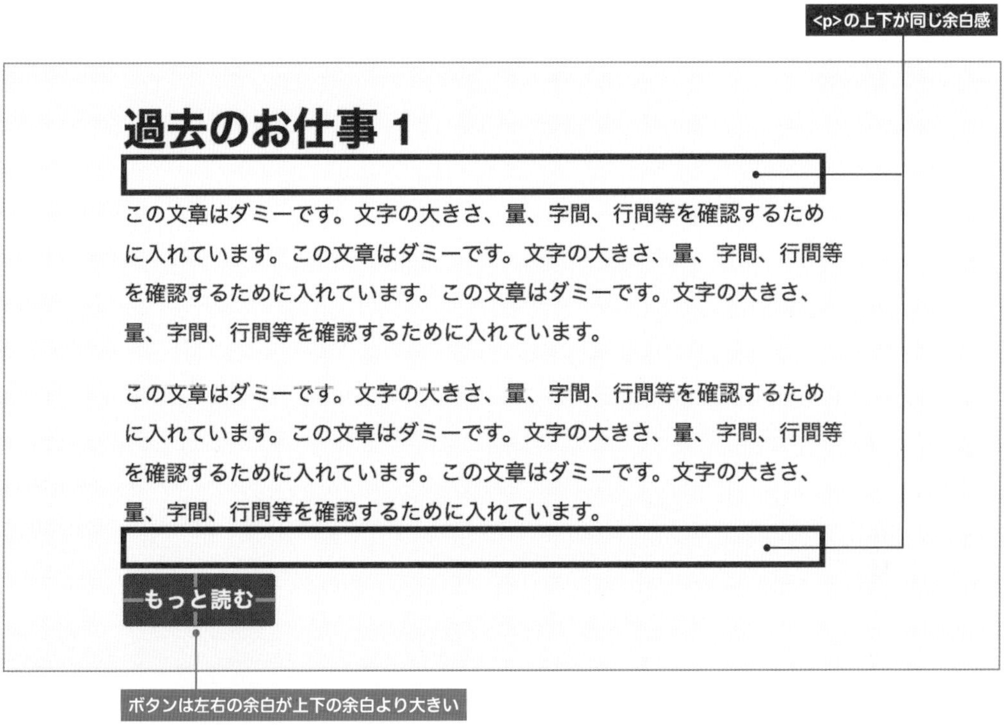

図5-16 各要素の縦横の余白のバランスや隠されたルールを意識する

CSSのコーディング準備

次に見てほしいのが「上下と左右でスペース間隔に違いがあるか、あるならどれくらい違うのか」ということです。このバランスを意識してあげられると、レイアウトが変わったときにもルックアンドフィールが崩れません（**図5-17**）。

セクション全体の上下の余白は、
各要素同士の余白よりも大きい

🎨 Works

過去のお仕事 1

この文章はダミーです。文字の大きさ、量、字間、行間等を確認するために入れています。この文章はダミーです。文字の大きさ、量、字間、行間等を確認するために入れています。この文章はダミーです。文字の大きさ、量、字間、行間等を確認するために入れています。

この文章はダミーです。文字の大きさ、量、字間、行間等を確認するために入れています。この文章はダミーです。文字の大きさ、量、字間、行間等を確認するために入れています。この文章はダミーです。文字の大きさ、量、字間、行間等を確認するために入れています。

もっと読む

要素同士の余白はセクション全体の上下の余白よりもやや小さい

過去のお仕事 2

この文章はダミーです。文字の大きさ、量、字間、行間等を確認するために入れています。この文章はダミーです。文字の大きさ、量、字間、行間等を確認するために入れています。この文章はダミーです。文字の大きさ、量、字間、行間等を確認するために入れています。

この文章はダミーです。文字の大きさ、量、字間、行間等を確認するために入れています。この文章はダミーです。文字の大きさ、量、字間、行間等を確認するために入れています。この文章はダミーです。文字の大きさ、量、字間、行間等を確認するために入れています。

もっと読む

セクション全体の上下の余白は、
各要素同士の余白よりも大きい

図5-17 レイアウトのスペース間隔と隠されたルールを意識する

可変にしていいものといけないもの

コンポーネントを柔軟に変更できるようにするといっても、デザイナーからすると「そこは可変にしないで！」とか「そこは固定しておいて！」という部分もあります。それが例えば「同グループ内の要素の距離感」「要素を揃える位置」「横幅や縦幅の最大値と最小値」です。

まず「同グループ内の要素の距離感」はアイコンとテキストの距離感や、タイトルと文章の距離感あたりがわかりやすいでしょう。多少の違いは目をつむることができるでしょうが、これらは距離が近すぎても遠すぎてもルックアンドフィールを崩すことになってしまいます。「近すぎて窮屈に見えないか」「遠すぎて同じグループに見えなくなっていないか」を意識してあげられるとよいでしょう（図5-18）。

図5-18 同じグループ内の要素の距離感を意識する

「要素を揃える位置」は、単純に左揃え、中央揃え、右揃えの話だけではなく、元のデザインを見たときに「**どの要素がどの要素と揃って配置されているか**」に気を配ってほしいということです。要素同士の関係性は、デザインするときに目的を持って配置されていることが多いです。そのため他の要素に変化があったとしても、それらの関係性に影響が出ないように意識してコーディングする必要があります。

最後に「横幅や縦幅の最大値と最小値」です。初心者のコードを見ていてありがちなのが、画面のサイズが変わったときに、文章の各段落の横幅が異様に短くなったり長くなったりしてしまうというものです。可変なこと自体は問題がないのですが、文章には読みやすい横幅があり、それより長すぎても短すぎても読みにくくなってしまいます。**Webページもドキュメントであることに変わりはありません**ので、フォントサイズと文章の横幅のバランスを調整して常に読みやすい横幅を保てるようにしましょう（ 図5-19 ）。

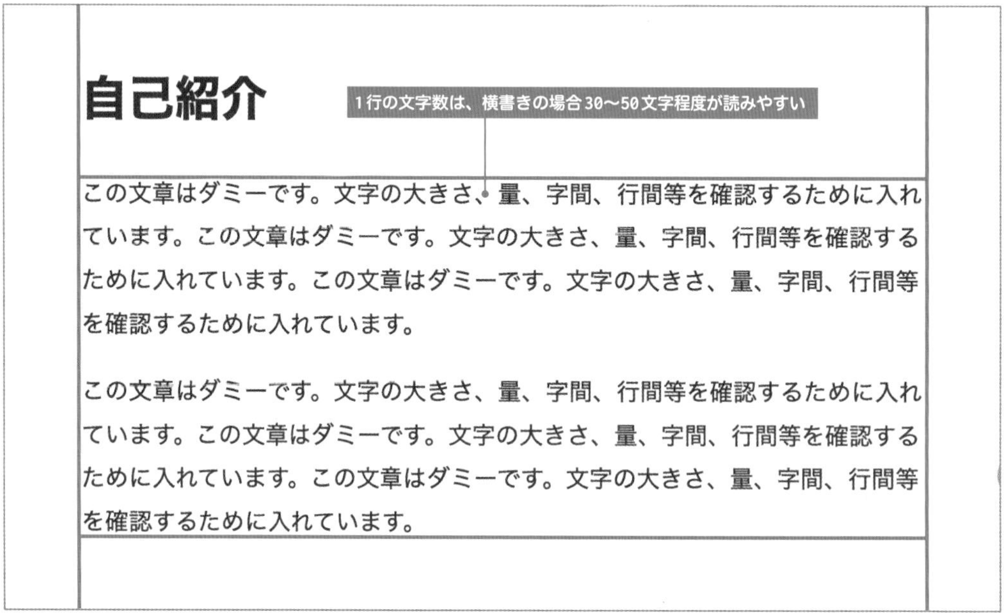

図5-19 文章が読みやすい横幅になっているか確認する

デザイナーに確認することを怠らない

　5-2節の前半の内容でも触れたように、コーディングするときは挙動についてデザイナーに確認する必要が出てきます。これまで解説してきた項目についても慣れないうちは自身で判断せず、**こまめにデザイナーに確認する**ようにしましょう。デザイナーもデザインソフトウェアでモックアップを作成しているからこそ、ブラウザの挙動や可変について想像しにくかったり、抜け漏れが発生してしまったりといったことがよくあります。そのためコーディングする人の気づきや指摘は、むしろありがたいものなのです。逆に確認しないまま実装されてしまうと後々トラブルになりかねないので、ためらわずに確認するようにしましょう。

スタイリングする際に気にかけること

CHAPTER 06

CSSのコーディング

6 | 1 ベースのコーディング

それではいよいよCSSのコーディングを始めます。この節では全体に共通した基本のスタイリングを一緒に設定していきましょう。**タグをセレクタとして使用することで、後々classで上書きできるように配慮する**のがポイントです。style.cssを開いたら、あらかじめ記述しておいた「Default Styling」のすぐ下に挿入していきます。

すべての要素にbox-sizing: border-box;を設定する

まずはどの要素でも同じように適用してほしい、box-sizing: border-box;を設定します。style.cssを開き、まずは リスト6-1 の通りにコーディングしてください。こうすることで、要素に指定したpaddingやborderも含めて、コンテンツのサイズを自動で調整してくれるようになります（図6-1）。要素のサイズの扱いが楽になるとレイアウトが崩れるのも防ぎやすくなるので、基本的に設定しておくことをおすすめします。

リスト6-1   border-boxを設定する

```
/* -------------------------------------
   Default Styling
--------------------------------------- */

*, *::before, *::after {
  box-sizing: border-box;
}
```

POINT   本来はpaddingやborderをつけると、その分だけ要素のwidthやheightも大きくなります。その結果、子要素が親要素を突き抜けて広がってしまったり、想定していなかったレイアウト崩れを起こしてしまったりすることがあります。

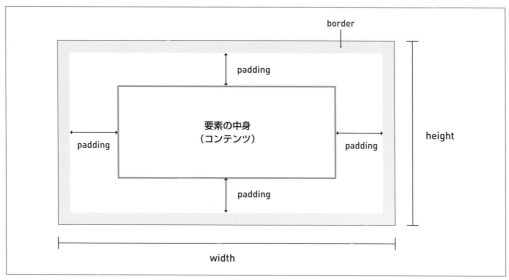

要素の中身
（コンテンツ）

padding

padding

padding

padding

border

height

width

図6-1 paddingやborderを要素のサイズに含める

内部リンクのスクロールをスムーズにする

HTMLに「scroll-behavior: smooth;」を設定することによって、内部リンクをクリックしたときに該当のセクションまでスムーズにスクロールできるようになります（**リスト6-2**）。設定前と設定後で比べてみると違いがよくわかりやすいので、コーディングする前後で試してみてください。

リスト6-2　　scroll-behaviorを追記する

```
/* -------------------------------------
  Default Styling
------------------------------------- */

*, *::before, *::after {
  box-sizing: border-box;
}

html {
  scroll-behavior: smooth;
}
```

<body>にフォントの色とフォントの種類を設定する

次に<body>ですが、ここではWebページ全体に共通しているcolorとfont-familyを設定します（ リスト6-3 ）。テキストは白っぽいカラーを使っている部分もありますが、全体で見ると黒っぽいテキストを使っている箇所が多いので、そちらの色を優先して指定しておきます。またfont-familyについても同様に、**全体で使われている箇所が多いものを指定しておきましょう。**

フォントスタックを指定しておくのも忘れないようにしましょう。いくつかのフォントをリストにしておくことによって、ブラウザでフォントが上手く読み込めなかったり、Webページを訪問した人のコンピューターに必要なフォントがなかったりする場合でも、リストのどれかのフォントが指定されて外観が崩れにくくなります。

今回はサンセリフ体のフォントを使っているので、よく使われているサンセリフ体のフォントをいくつか組み合わせつつ、フォントスタックの最後には最終手段としてsans-serifを指定しています。

リスト6-3   <body>に基本のテキストカラーとフォントの指定をする

```
*, *::before, *::after {
  box-sizing: border-box;
}

html {
  scroll-behavior: smooth;
}

body {
  color: #3A4454;
  font-family: "Helvetica Neue", "Helvetica", "Hiragino Sans", ➡
"Hiragino Kaku Gothic ProN", "Arial", "Yu Gothic", "Meiryo", sans-serif;
}
```

`<h1>`〜`<h3>` にタイトルのスタイルを設定する

　次はセクションごとに登場する`<h1>`、`<h2>`、`<h3>`のベーススタイリングを施します。ポイントは`<h1>`と`<h2>`でセリフ体のフォントを使っていること、そしてすべての`<h2>`にはアイコンがついていることです。それぞれに共通しているスタイリングを中心にコーディングしていきましょう。まずは リスト6-4 のように記載してみてください。

リスト6-4　　`<h1>`〜`<h3>`のスタイリングを追記する

```
body {
  color: #3A4454;
  font-family: "Helvetica Neue", "Helvetica", "Hiragino Sans", ➡
"Hiragino Kaku Gothic ProN", "Arial", "Yu Gothic", "Meiryo", sans-serif;
}

h1, h2 {
  font-family: "Piazzolla", "Times New Roman", "YuMincho", ➡
"Hiragino Mincho ProN", "Yu Mincho", "MS PMincho", serif;
  line-height: 1.4;
}

h2, h3 {
  margin-top: 0;
  font-weight: 700;
}

h1 {
  margin-top: 0;
  font-weight: 500;
}

h2 {
  text-align: center;
}
```

　コードを見て気づいてほしいのが、基本的に上のmarginをなくし、下のmarginを残しているという点です。余白を上につけるか下につけるかは、人によって好みも分かれるところなのですが、**基本的に一方向に決めておく**ことをおすすめします。なぜなら、何か1つの要素が消えたときにレイアウトの崩れを最小限に抑えやすくなるからです。カードが並んでいるレイアウトで考えるとわかりやすいので、例えとして 図6-2 を見てみましょう。

1をなくしたときに……
同じ方向にmarginがついていればキレイに収まってくれる
1
2
2
margin-bottom
margin-bottom
margin-bottom
下にあった2が上にスライドする

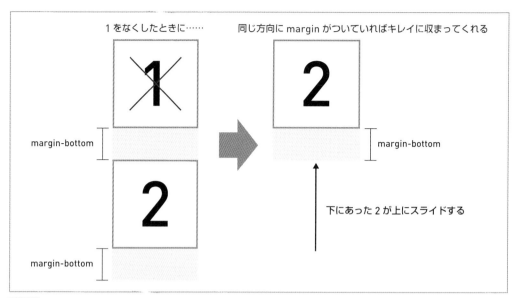

図6-2 レイアウトの崩れを最小限に抑える

何か1つのカードが抜けたとき、基本的には他のカードがその空白を埋めようと左上に向かって動くのがWebページの仕様です。そのため変に隙間を作らないよう、この場合marginは右や下につけると、要素が抜けたときの影響が最小限に抑えられます。状況に応じてこれは変わってきますが、大事なのは「この要素が抜けると何が起きるのか」を想像して、**実際に抜けたときの崩れを最小限に抑えられるようにコーディングで工夫する**ことです。ここまでのコーディングでテキスト周りのスタイルがガラッと変わっているはずです。変更内容を保存したらブラウザを更新してみましょう。お使いのPCにPiazzollaがインストールされていない場合は、<h1>と<h2>のスタイルが図6-3と異なるかもしれません。ひとまず、この時点ではセリフ体のフォントになっていれば問題ありません。この後の工程でGoogle Fontを設定すれば反映されるので、改めて確認してみてください。

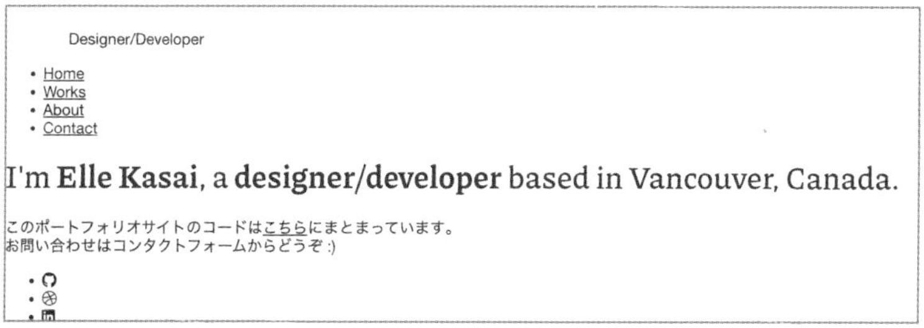

Designer/Developer
Home
Works
About
Contact
I'm Elle Kasai, a designer/developer based in Vancouver, Canada.
このポートフォリオサイトのコードはこちらにまとまっています。
お問い合わせはコンタクトフォームからどうぞ :)

図6-3 フォント指定後

\<ul\>のデフォルトスタイルを打ち消す

　\<ul\>は箇条書きとして使われるものなので、デフォルトではリストアイテムの前に黒丸の記号がついていたり、marginやpaddingをつけて読みやすいように配慮されていたりします。しかし今回のデザイン上、これらは不要なので、打ち消しておきましょう（ リスト6-5 ）。

リスト6-5　　\<ul\>のスタイルを打ち消す

```
h2 {
  text-align: center;
}

ul {
  margin: 0;
  padding-left: 0;
  list-style: none;
}
```

\<p\>の行間を設定する

　次は\<p\>のスタイリングです。デザインを確認すると全体的に行間がデフォルトよりも若干高くとられていることがわかるので、デザインに沿って line-height: 1.8;に設定しておきます（ リスト6-6 ）。

リスト6-6　　\<p\>の行間を設定する

```
ul {
  margin: 0;
  padding-left: 0;
  list-style: none;
}

p {
  line-height: 1.8;
}
```

<img>が柔軟にリサイズできるようにする

これはレスポンシブ対応ともいえるのですが、<img>はそのままだとそれぞれ目一杯のサイズで表示されてしまうので、**最大幅を100%に設定しておくことで親要素以上に広がらないように制御します**。また<img>を包む<figure>は、そのままだと不要なmarginがついてしまうので、打ち消しておきましょう（ リスト6-7 ）。

リスト6-7　　　<img>の最大幅を100%にする

```
p {
  line-height: 1.8;
}

figure {
  margin: 0;
}

img {
  max-width: 100%;
}
```

<a>の下線を打ち消す

リンクはデフォルトのスタイルだと下線が引かれており、リンクだということがわかりやすくなっています。しかしデザイン上、下線が必要ないリンクが多々あるため、今回は邪魔にならないよう打ち消しておきましょう（ リスト6-8 ）。

リスト6-8　　　<a>の下線を打ち消す

```
figure {
  margin: 0;
}

img {
  max-width: 100%;
}

a {
  text-decoration: none;
}
```

hover時にアニメーションが起きるように設定する

transitionを使うことで、徐々に要素を変化させていくことができます。今回使っている「transition: all 0.15s ease-in-out;」は短縮した書き方で、「変化させられるすべてのスタイルを、0.15秒かけてease-in-outという効果を使って変化させてください」という指示をしています（ リスト6-9 ）。

こうすることで、ふんわりとしたエフェクトを<a>や<input>、<textarea>にかけることができます。追記する前後でどのように変化しているのか確認しながらやってみてください。違いがわかりにくい場合は、「0.15s」となっている部分を「0.5s」や「1s」に変えると、アニメーションがゆっくりになり、変化がわかりやすくなります。

| リスト6-9 | hover時にアニメーションが起きるように設定する |

```
a {
  text-decoration: none;
}

a, input, textarea {
  transition: all 0.15s ease-in-out;
}
```

送信ボタンにカーソルを合わせたときの効果を追加する

実際にカーソルを合わせてみるとわかるのですが、**デフォルトでは送信ボタンに触ってもカーソルに変化がありません**。これを他のボタンやリンクと同様のカーソル変化にしたいので、「cursor: pointer;」を追記しておきましょう（ リスト6-10 ）。

| リスト6-10 | 送信ボタンにカーソルを合わせたときの効果を追加する |

```
a, input, textarea {
  transition: all 0.15s ease-in-out;
}

input[type="submit"]:hover {
  cursor: pointer;
}
```

これでベースのスタイリングは完了です。変更内容を保存してブラウザを更新してみましょう。<ul>の箇条書きやリンクの下線が消えているか、送信ボタンにカーソルをあてたときにきちんとカーソルが変わっているかなど、それぞれチェックしてください（図6-4）。

❶

Designer/Developer
Home
Works
About
Contact

I'm **Elle Kasai**, a **designer/developer** based in Vancouver, Canada.

このポートフォリオサイトのコードはこちらにまとまっています。

お問い合わせはコンタクトフォームからどうぞ :)

❷

図6-4 ベースのコーディング後

❸

過去のお仕事 2

この文章はダミーです。文字の大きさ、量、字間、行間等を確認するために入れています。この文章はダミーです。文字の大きさ、量、字間、行間等を確認するために入れています。この文章はダミーです。文字の大きさ、量、字間、行間等を確認するために入れています。

この文章はダミーです。文字の大きさ、量、字間、行間等を確認するために入れています。この文章はダミーです。文字の大きさ、量、字間、行間等を確認するために入れています。この文章はダミーです。文字の大きさ、量、字間、行間等を確認するために入れています。

もっと読む

About

❹

自己紹介

この文章はダミーです。文字の大きさ、量、字間、行間等を確認するために入れています。この文章はダミーです。文字の大きさ、量、字間、行間等を確認するために入れています。この文章はダミーです。文字の大きさ、量、字間、行間等を確認するために入れています。

この文章はダミーです。文字の大きさ、量、字間、行間等を確認するために入れています。この文章はダミーです。文字の大きさ、量、字間、行間等を確認するために入れています。この文章はダミーです。文字の大きさ、量、字間、行間等を確認するために入れています。

スキルセット

UI/UX デザイン
情報設計
マーケティング
HTML5
CSS3
JavaScript
IT講師
IT技術書執筆
動画編集
関連リンク

❺

お仕事のご依頼やご相談等、お問い合わせはこちらからどうぞ。

| 氏名 |
| メールアドレス |
| お問い合わせ内容 |

送信する

Home
Works
About

図6-4 ベースのコーディング後（続き）

6 | 2 共通クラスのコーディング

この節では、containerやbutton-primary／button-secondary、social-linksといった各エリアで使われている共通クラスのスタイリングをしていきます。スタイリングする際に気を配りたいのは、どのエリアでこれらを埋め込んでも必要以上に影響を及ぼさないよう、上手く**モジュール化して使いやすくする**ことです。それでは順に見ていきましょう。スタイリングを記述するセクションを分けたいので、今度は「Reusable Classes」のすぐ下に挿入していってください。

containerは最大幅と中央揃えの設定だけに絞る

まずcontainerについてですが、必要最低限に絞るため最大幅の設定と中央揃えにする設定だけに留めておきましょう。 リスト6-11 のように記載してください。

リスト6-11　containerのスタイリングを追記する

```
input[type="submit"]:hover {
  cursor: pointer;
}

/* --------------------------------------
  Reusable Classes
-------------------------------------- */

.container {
  max-width: 1280px;
  margin: 0 auto;
}
```

ウィンドウサイズが変わったときに文字が端につかないよう、左右にpaddingも設定する必要があるのですが、これはモバイル版とタブレット版やラップトップ版で数値が変わってくるので、レスポンシブ対応時に設定します（ 図6-5 ）。

図6-5　paddingをつけないとウィンドウの端に文字が接してしまう

またこのcontainerはあくまでもコンテンツの横幅を同じにして中央に揃える用途で使用するので、上下の余白感までは設定していません（図6-6）。上下の余白感は各エリアでのスタイリングに任せて**役割を混ぜこぜにしない**ようにしてください。

図6-6　containerで横幅を揃え、中央に固定する

ここで一度保存してブラウザを更新してみると、containerをつけたタグの子要素の最大幅が決まり、中央に揃っているのがわかります（図6-7）。

図6-7　containerのスタイリング後

ボタンはprimaryとsecondaryで色だけ変更する

　ボタンは今回2種類あって、primaryとsecondaryのボタンを用意する必要があります。ベースのボタンのスタイリングはほとんど共通しているのですが、色だけは異なっているのでそのスタイリングだけ切り離してコーディングしましょう。まずは共通スタイルを リスト6-12 のように記載してください。

リスト6-12 　button-primaryとbutton-secondaryの共通スタイルを追記

```
/* ---------------------------------------
   Reusable Classes
--------------------------------------- */

.container {
  max-width: 1280px;
  margin: 0 auto;
}

.button-primary,
.button-secondary {
  display: inline-block;
  padding: 10px 15px;
  border: none;
  border-radius: 3px;
  color: #FFF7F7;
  font-size: 1rem;
  font-weight: 600;
  letter-spacing: 1px;
  text-decoration: none;
}
```

　ここで注目してほしいのはdisplay: inline-block;を使っていることです。これはボタンを必要最低限の横幅にしつつ、いくつかボタンを横に並べたいときでも問題ないようにしています。それでは次に、primaryとsecondaryそれぞれの色を設定しましょう（ リスト6-13 ）。

リスト6-13 各ボタンの色を設定する

```css
.button-primary,
.button-secondary {
  display: inline-block;
  padding: 10px 15px;
  border: none;
  border-radius: 3px;
  color: #FFF7F7;
  font-size: 1rem;
  font-weight: 600;
  letter-spacing: 1px;
  text-decoration: none;
}

.button-primary {
  background-color: #53687E;
}
```
— 紺色のボタンのデフォルトカラー

```css
.button-secondary {
  background: #6B4E71;
}
```
— 紫色のボタンのデフォルトカラー

```css
.button-primary:hover,
.button-primary:focus {
  background-color: #495B6F;
}
```
— 紺色のボタンにカーソルをあてる、
もしくはフォーカスしたときのカラー

```css
.button-secondary:hover,
.button-secondary:focus {
  background: #5D4462;
}
```
— 紫色のボタンにカーソルをあてる、
もしくはフォーカスしたときのカラー

　また、ここでもコーディングは**ボタン自体のスタイリングのみ**に留めておきます。レイアウトを意識してボタンの上下左右に余白を設けることはせず、各エリアでのスタイリングに任せてください。ここで保存してブラウザを更新すると、紺色と紫色のボタンが 図6-8 のような見た目になっているはずです。

 POINT　コーディングする際はそれぞれのclassが持つ役割を小さくするよう心がけてください。ここでもボタンの形や色だけに焦点を絞り、そのボタンの周りの余白感は別のセレクタでスタイリングするようにします。こうすることでそのボタンがレイアウトに依存しなくなり、他の場所でも柔軟に配置できるようになります。

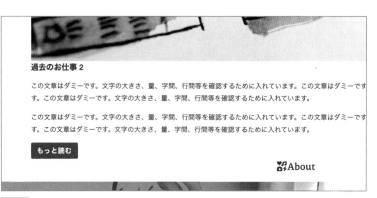

過去のお仕事 2

この文章はダミーです。文字の大きさ、量、字間、行間等を確認するために入れています。この文章はダミーです。この文章はダミーです。文字の大きさ、量、字間、行間等を確認するために入れています。

この文章はダミーです。文字の大きさ、量、字間、行間等を確認するために入れています。この文章はダミーです。この文章はダミーです。文字の大きさ、量、字間、行間等を確認するために入れています。

もっと読む

About

図6-8 ボタンのスタイリング後

social-linksはレイアウトの設定だけしておく

　最後にsocial-linksですが、これはエリアによってアイコンの色が変わっているので、**レイアウトとアイコンのデフォルトサイズの設定だけ**に留めておいて、ベースのスタイルを共有できるようにしましょう。 リスト6-14 のように記載してください。

リスト6-14 social-linksのスタイリングを追記

```
.button-secondary:hover,
.button-secondary:focus {
  background: #5D4462;
}

.social-links {
  display: flex;
  flex-wrap: wrap;
  font-size: 2rem;
}

.social-links li + li {
  margin-left: 20px;
}
```

　ここで登場した「li + li」という書き方は**隣接セレクタ**といいます。隣接セレクタは、ある要素と隣り合う要素に対してスタイリングを反映したいときに便利な指定方法です。これは「`<li>`に隣接した`<li>`の左側にだけ余白を20px設ける」という意味です。こうすることによって、最初や最

後の<li>に余分な余白が生まれないように配慮しています（**図6-9**）。**余分な余白はレイアウトの崩れを招く**可能性があるので、できる限り排除するように意識しましょう。

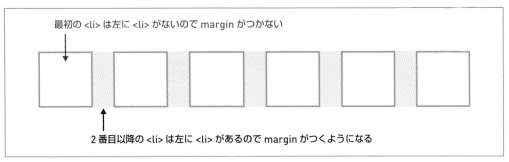

図6-9 余分なスペースが生まれないように配慮する

　ひと通り共通クラスのコーディングが完了したら、再び保存してブラウザを更新しましょう。**図6-10** と同じになっているか確認してみてください。

図6-10 共通クラスのコーディング後

❸

過去のお仕事 2

この文章はダミーです。文字の大きさ、量、字間、行間等を確認するた
す。この文章はダミーです。文字の大きさ、量、字間、行間等を確認す

この文章はダミーです。文字の大きさ、量、字間、行間等を確認するた
す。この文章はダミーです。文字の大きさ、量、字間、行間等を確認す

もっと読む

❹

IT技術書執筆
動画編集
関連リンク

お仕事のご依頼やご相談等、お問い合わせはこちらからどうぞ。

氏名
メールアドレス
お問い合わせ内容

送信する

Home
Works
About

図6-10 共通クラスのコーディング後（続き）

6 3 <header>のコーディング

この節では<header>のスタイリングをしていきます。細かなレイアウトやレスポンシブ対応は後ほど行うので、ここではまず、ウィンドウサイズに関係なく「**どのサイズでも共通しているスタイル**」をCSSコーディングするよう意識してください。

<header>で一貫している注目すべき点は「テキストのスタイル」「左右で分かれるレイアウト」、そして「スクロールで追従してくること」です。これまでの節と同様に「Header」コメントのすぐ下に挿入していきます。

テキストのスタイリング

それではテキストのスタイリングを追加しましょう。サイズ調整はレスポンシブ対応の際に行うので、ここではまず リスト6-15 のように追記してみてください。

> リスト6-15 テキストのスタイリングを追記する

```
.social-links li + li {
  margin-left: 20px;
}

/* ------------------------------------
  Header
------------------------------------ */

.header {
  color: #FFF7F7;
  font-family: "Piazzolla", "Times New Roman", "YuMincho", ➡
"Hiragino Mincho ProN", "Yu Mincho", "MS PMincho", serif;
  font-weight: 700;
}
```

ページを更新すると、ページ先頭の「Designer/Developer」という部分のテキストに「Piazzolla」というフォントが適用され、ほんの少しピンクがかった白い太字に変わったことが確認できます。ここで注目してほしいところが2点あります。まず1つ目が、コードでヘッダー全体にcolor: #FFF7F7を指定しているにもかかわらず、実際のページ上ではナビゲーションの項目に色が反映されていないこと。これは<a>タグが、**直接色を指定しないと反映されない**という仕様だからです。そして、2つ目は「font-family」に「Piazzolla」以外の別のフォントも組み合わせてフォントスタックとして指定していることです。

<a>の色に関しては、そのような仕様になっているのでスキップするとして、2つ目のフォントスタックについては、ここでもう少し解説しておきます。今回英字のフォントには、Google Font（Googleが提供しているWebフォントのサービス）の「Piazzolla」というフォントを使用しているのですが、そのフォントをベースにWebでも使いやすいフォントを組み合わせてフォントスタックを指定しています。

このPiazzollaというフォントはセリフ体なので、組み合わせているフォントも英語、日本語共に似たスタイル（セリフ体のフォント）を選択していることに注目しましょう。

 POINT 使うフォントのスタイルによってフォントスタックの内容も変わってきます。しかしセリフ体ならセリフ体、サンセリフ体ならサンセリフ体というように、同じタイプのフォントを複数組み合わせて指定するのが基本です。

もちろん リスト6-15 のようにスタイリングを追記しただけではフォントが反映されないので、一緒に必要なセッティングをしていきましょう。まずはこちらのURLからGoogle Fontにアクセスしてください。

● Piazzolla – Google Fonts
　https://fonts.google.com/specimen/Piazzolla

URLにアクセスするとそのフォントのいろいろなスタイルを選択できるようになっています。この中から「Regular 400」と「Bold 700」を選択します（図6-11）。

図6-11 使うフォントの太さを選択する

　選択したら右側にサイドバーが表示されるので、<link ~>のコードをコピーしてご自身のindex.htmlの<head>内に貼り付けます（ リスト6-16 ）。**「normalize.css」と「style.css」の間に貼り付ける**ことによって、normalize.cssは上書きできるようにしつつ、自分のstyle.cssには影響を及ぼさないように配慮します。「font-family」はすでに指定してあるので、Webページを更新するとフォントが反映されていることを確認できるでしょう。

リスト6-16 　　<head>にGoogle Fontを追記する

```
<!DOCTYPE html>
<html lang="ja">
<head>

=== 中略 ===

    <!-- Normalize.css -->
    <link rel="stylesheet" href="stylesheets/normalize.css">

    <!-- Google Fonts -->
    <link rel="preconnect" href="https://fonts.googleapis.com">
    <link rel="preconnect" href="https://fonts.gstatic.com" crossorigin>
    <link rel="stylesheet" href="https://fonts.googleapis.com/css2?family=➡
Piazzolla:wght@400;700&display=swap">
```

```
<!-- Font Awesome -->
<script src="https://kit.fontawesome.com/d5d188f750.js" crossorigin=➡
"anonymous"></script>

=== 中略 ===

</head>
<body>

=== 中略 ===

</body>
</html>
```

　このようにGoogle Fontを使ったWebフォントの指定はとても簡単にできるのですが、同じフォントであっても引っ張ってくるスタイルが多ければ多いほどデータが大きくなり、Webページを重くしてしまいます。そのため、今行ったように**必要なスタイルだけ指定して取り入れる**のがポイントです。

図6-12 Google Fonts適用後

左右で分かれるレイアウト設定

　ここから本格的に各セクションのレイアウトを設定していきます。レイアウトの作り方にもいろいろなアプローチがあるのですが、執筆時点（2022年9月）で、最も簡単でありスタンダードとされているのは**Flexbox**を使う方法でしょう。まずは リスト6-17 にならって、headerにFlexbox周りの記載を追加しましょう。適宜保存とブラウザの更新を行って、状況を確認しながら少しずつコーディングしていってくださいね。

リスト6-17 Flexboxでレイアウトを設定する

```
/* ------------------------------------
 Header
 ------------------------------------ */

.header {
  display: flex;
  align-items: center;
  color: #FFF7F7;
  font-family: "Piazzolla", "Times New Roman", "YuMincho", ➡
"Hiragino Mincho ProN", "Yu Mincho", "MS PMincho", serif;
  font-weight: 700;
```

　HTMLでは縦に並んでいた要素が「display: flex;」で横並びになり、「align-items: center;」で水平方向にセンタリングできます。ただし、左右それぞれのブロックはまだ縦方向に並んでいますよね。同じテクニックをheader-logoとheader-nav-menuでも使用して、すべて横方向にセンタリングしてあげましょう（ リスト6-18 、 リスト6-19 ）。header-nav-menuは高さがすべて一緒なので、「display: flex;」のみでキレイにセンタリングされます。

リスト6-18 header-logoのレイアウトを設定する

```
.header {
  display: flex;
  align-items: center;
  color: #FFF7F7;
  font-family: "Piazzolla", "Times New Roman", "YuMincho", ➡
"Hiragino Mincho ProN", "Yu Mincho", "MS PMincho", serif;
  font-weight: 700;
}

.header-logo {
  display: flex;
  align-items: center;
}
```

リスト6-19　header-nav-menuのレイアウトを設定する

```
.header-logo {
  display: flex;
  align-items: center;
}

.header-nav-menu {
  display: flex;
}
```

　これでひと通り水平方向に揃えることができたのですが、今のままだと横幅いっぱいに広がってくれませんよね。ここで「width: 100%;」にしつつ「justify-content: space-between;」によって間に余白を入れてあげましょう（リスト6-20）。

リスト6-20　justify-content で間に余白を入れる

```
.header {
  display: flex;
  align-items: center;
  justify-content: space-between;
  width: 100%;
  color: #FFF7F7;
  font-family: "Piazzolla", "Times New Roman", "YuMincho", ➡
"Hiragino Mincho ProN", "Yu Mincho", "MS PMincho", serif;
  font-weight: 700;
}
```

POINT　Flexboxはレイアウト時の心強い味方ですが、よくわからないまま使っているとスタイリングが交通渋滞を起こし、「どこで何が影響して、こういうレイアウトになっているのかわからない……」といった状態になりがちです。まだ不安の残る方は忘れずに復習しておきましょう。

スクロールでヘッダーを追従させる

さてこのヘッダーですが、モダンなWebサイトでよくある「スクロールしても追従する」タイプのものにする必要があります。そのためスクロールしたときに後ろのレイヤーにあるコンテンツと重なって見づらくならないよう、背景色を追記しておく必要があります。先にheaderに背景色を追加してしまいましょう（ リスト6-21 ）。

リスト6-21　背景色を設定する

```
.header {
  display: flex;
  align-items: center;
  justify-content: space-between;
  width: 100%;
  background-color: #6B4E71;
  color: #FFF7F7;
  font-family: "Piazzolla", "Times New Roman", "YuMincho", ➡
"Hiragino Mincho ProN", "Yu Mincho", "MS PMincho", serif;
  font-weight: 700;
}
```

次に、「position: fixed;」と「z-index: 2;」を追記してスクロールでヘッダーが追従するようになったこと、そして他の要素と重なったときに、常に上に来るようになったことを確認してください（ リスト6-22 ）。

リスト6-22　ヘッダーが追従するように設定する

```
.header {
  display: flex;
  align-items: center;
  justify-content: space-between;
  position: fixed;
  z-index: 2;
  width: 100%;
  background-color: #6B4E71;
  color: #FFF7F7;
  font-family: "Piazzolla", "Times New Roman", "YuMincho", ➡
"Hiragino Mincho ProN", "Yu Mincho", "MS PMincho", serif;
  font-weight: 700;
}
```

メニューボタンの文字色を設定する

　最後にメニューボタンの文字色を設定します。hoverやfocusしたときの色の変化も忘れずに追記しておきましょう（ リスト6-23 ）。

リスト6-23　メニューボタンの文字色を設定する

```css
.header-nav-menu {
  display: flex;
}

.header-nav-menu-item > a {
  color: #FFF7F7;
}

.header-nav-menu-item > a:hover,
.header-nav-menu-item > a:focus {
  color: #FFC4C4;
}
```

 POINT focusはキーボードのTabキーでコンテンツ内のリンクを移動していく際に、そのリンクがハイライトされたときの状態でしたね。アクセシビリティを担保するためにも、基本的にはhoverだけではなくfocusにもつけるよう心がけましょう。

　これで一旦、ヘッダーのベースコーディングは完了です。すべて記入できていれば、 図6-13 のような見た目になり、ページをスクロールするとヘッダーがくっついてくるはずです。

図6-13 ヘッダーのコーディング後

6 4 　\<main\>のコーディング

　この節では\<main\>のスタイリングをしていきます。このエリアは広いのでスタイリングが大変に思えるかもしれませんが、一つ一つ見ていくとそこまで難しくはありません。ウィンドウサイズに関係なく一貫しているスタイリングが何かを、セクションごとに確認していきましょう。

ヒーローエリア

　まずは「Main - Hero」の下にスタイリングを挿入していきます。このエリアで変わらないのは、背景色と文字のスタイルです。 リスト6-24 のように背景色と文字色を設定しましょう。main-hero-highlightに文字色を設定するだけだと、\<a\>タグのリンク要素にその色が反映されずデフォルトの色のままになってしまうので、CSSで**リンクにも改めて色の設定をする**必要があります。

リスト6-24　背景色と文字色を設定する

```
.header-nav-menu-item > a:hover,
.header-nav-menu-item > a:focus {
  color: #FFC4C4;
}

/* --------------------------------------
  Main - Hero
--------------------------------------- */

.main-hero {
  background-color: #6B4E71;
}

.main-hero-highlight,
.main-hero-highlight-links a {
  color: #FFF7F7;
}
```

次にmain-hero-highlight-linksですが、\<p\>が通常のテキストよりも大きくなっているのでその設定をしつつ、その\<p\>に含まれているリンクがきちんとリンクだとわかるよう、text-decorationを追記しましょう（ リスト6-25 ）。

「main-hero-highlight-links a」としないのは、そのパーツに含まれているsocial-linksにまでtext-decorationのスタイルが反映されないようにするためです。「p \> a」とすることで**「\<p\>の直下の子要素である\<a\>」だけに適用させる**ことができます。

リスト6-25　main-hero-highlight-linksを追記する

```
.main-hero-highlight,
.main-hero-highlight-links a {
  color: #FFF7F7;
}


.main-hero-highlight-links p {
  font-size: 1.2rem;
}


.main-hero-highlight-links p > a {
  text-decoration: underline;
}
```

POINT　「p \> a」とすることで「\<p\>の直下の子要素である\<a\>」を指定できますが、ここで「p a」にすると「\<p\>の子孫要素である\<a\>」となり、意味合いが変わってきます。そのためセレクタは何となく指定するのではなく、どこまでの範囲をカバーしてスタイリングしたいのか意識しながら指定しましょう。

最後にリンクにカーソルやフォーカスを合わせたときのスタイルを追記しましょう。 リスト6-26 のように追記してください。ここまで記述が完了すると、ヒーローエリアは 図6-14 のような見た目になります。

リスト6-26　hoverとfocusのスタイリングを追記する

```
.main-hero-highlight-links p > a {
  text-decoration: underline;
}
```

```
.main-hero-highlight-links a:hover,
.main-hero-highlight-links a:focus {
  color: #FFC4C4;
}
```

図6-14 ヒーローエリアのコーディング後

これまでの仕事を紹介するエリア

　<main>の中ではここが一番スタイリングの複雑なエリアとなっています。まずは簡単なところから始めると取り組みやすいので、背景色を設定してしまいましょう。また、どのウィンドウサイズでもmain-works-itemのlast-child（最後の要素）は下部の余白をなくしておきたいので、margin-bottom: 0;を設定しておきます。今回は2つ目ですが、今後コンテンツが増えていくなら**3つ目や4つ目のmargin-bottomが0になるように配慮しておく**わけですね（リスト6-27）。

リスト6-27	背景色とmarginを設定する

```
.main-hero-highlight-links a:hover,
.main-hero-highlight-links a:focus {
  color: #FFC4C4;
}

/* --------------------------------------
  Main - Works
-------------------------------------- */
```

```
.main-works {
  background-color: #FFF7F7;
}

.main-works-item:last-child {
  margin-bottom: 0;
}
```

 POINT 今回のようなコーディングの練習や、一時的なプロジェクトであったとしても、今後何かコンテンツが増えた（減った）ときのことを、頭の片隅に置きながらコーディングしましょう。これも初心者さんにありがちなのですが、「とりあえず形になればよし」と五月雨式にコーディングするのは禁物です。

あとはmain-works-item-imgのスタイリングを残すのみです。ここで初心者の皆さんが「どうするのだろう」と疑問に思うであろう、画像の後ろにあるカラーレイヤーについて解説します。これはbox-shadowを使って実装しているのですが、まずは リスト6-28 のように記載してください。

リスト6-28　main-works-item-imgのスタイリングを追記する

```
.main-works-item:last-child {
  margin-bottom: 0;
}

.main-works-item-img img {
  border-radius: 5px;
}

.main-works-item-img.primary img {
  box-shadow:
    1px 1px 10px rgba(0, 0, 0, 15%),
    10px 10px 0 #53687E;
}

.main-works-item-img.secondary img {
  box-shadow:
    1px 1px 10px rgba(0, 0, 0, 15%),
    10px 10px 0 #6B4E71;
}
```

本書ではコードが見やすいように改行していますが、1列にしても問題ありません

box-shadowはいくつか重ねて使うことができるようになっていて、今回は1行目で画像がふんわりと浮いているような影をつけ、2行目でその後ろのカラーレイヤーを作っています。この画像とカラーレイヤーの距離感は、デフォルトのスタイルとしてxとyに10pxずつ設定しています。

次に1つ目の仕事紹介と2つ目の仕事紹介で四角形の色を変える必要があるので、ボタンのスタイリングをしたときと同じルールで1つ目を**primary**、2つ目を**secondary**として色をそれぞれ設定しましょう。

最後にデザインをよく見ると少しborder-radiusもついているのがわかるので、それも上部で忘れずに実装します。画像自体の角を少し丸めると影も勝手に角丸になります。ここまで記述できると、これまでの仕事を紹介するエリアの見た目は 図6-15 のように変化します。

図6-15 これまでの仕事を紹介するエリアのスタイリング後

自身について紹介するエリア

このエリアは元々シンプルなので、ここでスタイリングするものは多くありません。まずは背景色を設定してしまいましょう（ リスト6-29 ）。

```
.main-works-item-img.secondary img {
  box-shadow:
    1px 1px 10px rgba(0, 0, 0, 15%),
    10px 10px 0 #6B4E71;
}

/* -------------------------------------
   Main - About
------------------------------------- */

.main-about {
  background-color: #FFF;
}
```

次にスキルセットの紹介をしている部分ですが、ベースのスタイリングで\<ul\>のpaddingやlist-styleを打ち消しているので、改めてつけてあげる必要があります（ リスト6-30 ）。他のエリアで使われている\<ul\>は、すべてリストらしいスタイルを使っていないので打ち消しているのですが、このように**状況によって戻すこともある**ので覚えておくとよいでしょう。

```
.main-about {
  background-color: #FFF;
}

.main-about-addition-skills ul {
  padding-left: 20px;
  list-style: disc;
}
```

最後に関連リンクに含まれているsocial-linksに色を設定します。ここで直接social-linksに色をあててしまうと上書きされて、**他のエリアで使っているsocial-linksにも影響が出てしまう**可能性があるので注意してください。一緒に設定しているmain-about-addition-followの子孫要素

に色を設定しつつ、hoverやfocusしたときの変化も忘れずに記載しましょう（ リスト6-31 ）。

main-about-addition-followのスタイリングを追記する

```css
.main-about-addition-skills ul {
  padding-left: 20px;
  list-style: disc;
}

.main-about-addition-follow a {
  color: #C2B2B4;
}

.main-about-addition-follow a:hover,
.main-about-addition-follow a:focus {
  color: #AB9698;
}
```

これでメインの共通部分のスタイリングは完了です。ここまでの記述が完了すると、自身について紹介するエリアの見た目は 図6-16 のようになります。スキルのリストやSNSのリンクなど、色が変わっていることを確認しましょう。

図6-16 自身について紹介するエリアのスタイリング後

6 5 <footer>のコーディング

　このセクションでは<footer>のCSSコーディングを行います。他のセクションと同様に、「どの
ウィンドウサイズでも共通しているスタイル」が何かを意識しながらスタイリングしていきま
しょう。最後の「Footer」のすぐ下に記述してください。

　<footer>で一貫しているスタイルは「背景色や文字・アイコン色」「フォームのベーススタイル」
です。レイアウトや各要素のサイズはウィンドウサイズによって少しずつ変わっていくので、ここ
では割愛して次の章でスタイリングします。

　またsocial-linksやbutton-primaryは共通クラスを使用しているので、必要に応じてスタイル
の追加が必要になります。それでは1つずつ見ていきましょう。

<footer>全体の背景色と文字色を設定する

　まずは<footer>全体で適用すべき背景色と文字色を設定します。文字色についてはSNSリンク
の部分やコピーライト表記等で少しずつ違う色を使っているのですが、基本の色はほんのりピン
クがかっている白です。footerに リスト6-32 のように記載してください。

リスト6-32	フッターの背景色と文字色を設定する

```
.main-about-addition-follow a:hover,
.main-about-addition-follow a:focus {
  color: #AB9698;
}

/* -------------------------------------
   Footer
------------------------------------- */

.footer {
  background-color: #3A4454;
  color: #FFF7F7;
}
```

フォームのベーススタイルを設定する

次にフォームについてですが、細かなレイアウトは後ほどレスポンシブ対応でカバーするので、一旦無視してformやinput、textarea単体のスタイリングに注目します。

まずform自体と各inputやtextareaの親要素は、**ウィンドウサイズにかかわらず与えられたスペースいっぱいに広がってほしい**ので、width: 100%;を指定しておきます（リスト6-33）。

リスト6-33 formの共通スタイルを追記する

```
.footer {
  background-color: #3A4454;
  color: #FFF7F7;
}

.footer-form form,
.footer-form-input,
.footer-form-textarea {
  width: 100%;
}
```

そして次にinputとtextareaですが、両方に共通しているのは線のスタイルとplaceholder、hoverやfocus時の挙動、そして実際に入力したときの文字の色ですよね。また、これらもウィンドウサイズにかかわらず与えられたスペースいっぱいに広がってほしいので、同じくwidth: 100%;を指定しましょう。

footer-form-inputとfooter-form-textareaにリスト6-34のように記載しましょう。

リスト6-34 inputとtextareaの共通スタイルを追記する

```
.footer-form form,
.footer-form-input,
.footer-form-textarea {
  width: 100%;
}

.footer-form-input input,
.footer-form-textarea textarea {
  width: 100%;
  background-color: transparent;
  border: 1px solid #C2B2B4;
  border-radius: 5px;
  color: #FFF7F7;
}
```

— inputとtextareaのベースのスタイル

```
.footer-form-input input::placeholder,
.footer-form-textarea textarea::placeholder {
  color: #9C9DA5;
}
```

inputやtextareaの
プレースホルダーのスタイル

```
.footer-form-input input:hover,
.footer-form-input input:focus,
.footer-form-textarea textarea:hover,
.footer-form-textarea textarea:focus {
  background-color:rgba(0, 0, 0, 10%);
}
```

inputやtextareaにカーソルを乗せたとき、
もしくはフォーカスがあたっているときの
スタイル

```
.footer-form-input input:focus-visible,
.footer-form-textarea textarea:focus-visible {
  outline: 1px solid #C2B2B4;
  border: 1px solid #C2B2B4;
}
```

inputやtextareaをクリックしている、
もしくは入力しているときのスタイル

ここからはそれぞれのスタイリングを追加していきます。まずfooter-form-inputは<input>と<icon>が現在バラバラになっているはずなので、それらを重ねる必要がありますよね。<input>の左側に余白を設けて、**アイコンが重なるスペース**を作ってあげます（ リスト6-35 ）。

リスト6-35 inputにアイコンを重ねる準備をする

```
.footer-form form,
.footer-form-input,
.footer-form-textarea {
  width: 100%;
}

.footer-form-input input {
  padding: 10px 15px 10px 40px;
}

.footer-form-input input,
.footer-form-textarea textarea {
  width: 100%;
  background-color: transparent;
  border: 1px solid #C2B2B4;
  border-radius: 5px;
  color: #FFF7F7;
}
```

ここでpaddingを左側に多く設けることで、入力開始位置をアイコンの分だけずらしています。こうしておかないと、アイコンが重なったときにアイコンの裏側にカーソルが入ってしまい、使いにくいフォームになってしまいますよね。実際に入力するときのことも意識しながらコーディングしましょう。

次にアイコンを重ねるために<i>にposition: absolute;をつけつつ、その親要素のfooter-form-inputにposition: relative;も忘れずにつけて、アイコンが親要素を突き抜けてどこかに行ってしまわないようにします。あとはアイコンの位置をtopとleftで調整してあげましょう（ リスト6-36 ）。追記していくコードの挿入が前後していますが、これは**関連したコードをまとめて記述することによって後でメンテナンスしやすくする**ためです。

リスト6-36	inputにアイコンが重なるようスタイリングする

```
.footer-form form,
.footer-form-input,
.footer-form-textarea {
  width: 100%;
}

.footer-form-input {
  position: relative;
}

.footer-form-input i {
  position: absolute;
  top: 12px;
  left: 16px;
  color: #FFF7F7;
}

.footer-form-input input {
  padding: 10px 15px 10px 40px;
}
```

次にfooter-form-textareaですが、こちらはheightの指定と、サイズをユーザーが変更してレイアウトを崩さないようにするため、resize: none;を設定しておきます。textarea内の余白はinputと違ってアイコンがないので、均等でかまいません。左右と上下で同じ余白を設けましょう（ リスト6-37 ）。

リスト6-37 footer-form-textareaのスタイリングを追記する

```css
.footer-form-input input {
  padding: 10px 15px 10px 40px;
}

.footer-form-textarea textarea {
  height: 150px;
  padding: 10px 15px;
  resize: none;
}

.footer-form-input input,
.footer-form-textarea textarea {
  width: 100%;
  background-color: transparent;
  border: 1px solid #C2B2B4;
  border-radius: 5px;
  color: #FFF7F7;
}
```

　その下のボタンについては共通クラスがついているので、何もしなくてもスタイルが適用されているはずですよね。これでフォーム部分のベーススタイリングは完了です。ここまでスタイリングができると、フッターエリアの見た目は 図6-17 のようになります。inputやtextareaもクリックしてみて、スタイルがきちんと反映されているか確認しましょう。

図6-17 フォームのベーススタイリング後

インフォメーション部分のベーススタイルを設定する

　最後にインフォメーション部分を見ていきます。ここで共通になっているのはテキストやアイコンのサイズと色です。ロゴ画像だけはウィンドウサイズによって変わるので、一旦スキップします。

　まずfooter-info-nav-menuは他の英語表記部分と同様、Piazzollaというフォントを当てはめる必要があります。そして色やサイズの指定も行いましょう（ リスト 6-38 ）。

リスト6-38　footer-info-nav-menuのスタイリングを追記する

```
.footer-form-input input:focus-visible,
.footer-form-textarea textarea:focus-visible {
  outline: 1px solid #C2B2B4;
  border: 1px solid #C2B2B4;
}

.footer-info-nav-menu ul {
  font-family: "Piazzolla", "Times New Roman", "YuMincho", ➡
"Hiragino Mincho ProN", "Yu Mincho", "MS PMincho", serif;
}

.footer-info-nav-menu a {
  color: #FFF7F7;
  font-size: 1.2rem;
  font-weight: 700;
}

.footer-info-nav-menu a:hover,
.footer-info-nav-menu a:focus {
  color: #9C9DA5;
}
```

　次にfooter-info-followについては、social-linksという共通スタイルを使っているのですでにアイコンのサイズやスペース間隔は設定されていますが、色を新たに設定しつつ、**サイズを少し小さめに上書きしてあげる**必要があります。 リスト 6-39 のように記載してください。

リスト6-39　footer-info-followのスタイリングを追記する

```
.footer-info-nav-menu a:hover,
.footer-info-nav-menu a:focus {
  color: #9C9DA5;
}
```

```
.footer-info-follow a {
  color: #9C9DA5;
  font-size: 1.5rem;
}

.footer-info-follow a:hover,
.footer-info-follow a:focus {
  color: #81838D;
}
```

footer-copyについては色を設定するのみなので簡単ですね（ リスト6-40 ）。これで<footer>のスタイリングも完了です。フッターのスタイリングがすべて記述できると 図6-18 のようになります。ひと通りのベースコーディングができたので、次の章でレスポンシブ対応をしていきましょう。

リスト6-40	footer-info-copyのスタイリングを追記する

```
.footer-info-follow a:hover,
.footer-info-follow a:focus {
  color: #81838D;
}

.footer-info-copy {
  color: #9C9DA5;
}
```

図6-18 フッターのスタイリング後

CHAPTER 07

CSSでのレスポンシブ対応

7 | 1　モバイル版のコーディング

　前章でベースのコーディングをひと通り済ませたので、この章では各ウィンドウサイズに合わせたレスポンシブ対応をしていきます。style.cssで色やフォントのスタイルなどは設定済みなので、今度は**style-mobile.css**を開いて各要素のサイズ感やレイアウトの設定を行っていきましょう。まずはデベロッパーツールを開いて画面をモバイル版に変更し、状況を確認しながら進めてくださいね（Appendixでもデベロッパーツールの基本的な使い方について触れているので、まだ慣れていない方はご一読をおすすめします）。

見出しタグのサイズ設定

　まずは見出しタグの設定です。**規則性を持たせて各見出しにmargin-bottomを設定していること**、そして見出しの重要度に合わせてh3がh1やh2よりも小さくなっていることに注目しましょう。またh2にはアイコンがついているので、アイコンとテキストの距離を設定することも忘れないでください（ リスト7-1 ）。

リスト7-1	見出しタグのサイズを設定する

```
/* ------------------------------------
  Mobile Styling
------------------------------------ */

h1, h2 {
  font-size: 2rem;
}

h1 {
  margin-bottom: 25px;
}

h2 {
  margin-bottom: 40px;
}
```

```
h2 > i {
  margin-right: 10px;
}

h3 {
  margin-bottom: 20px;
  font-size: 1.5rem;
}
```

共通クラスの余白設定

次によく使われているcontainerクラスに余白を設定しましょう。**上下には余白を設定せず、左右にだけつけている点に注目します**（ リスト7-2 ）。これはコンテンツがcontainerいっぱいに広がったとしても左右の端に接触しないよう、一定の余白を設けているのでしたね（124ページ参照）。これによって、これまで端まで広がっていた画像などもしっかりcontainerの中に収まってくれるようになります（ 図7-1 ）。

| リスト7-2 | containerのpaddingを設定する |

```
h3 {
  margin-bottom: 20px;
  font-size: 1.5rem;
}

/* --------------------------------------
   Reusable Classes
-------------------------------------- */

.container {
  padding: 0 20px;
}
```

図7-1 containerに左右の余白を設けた後

ヘッダーの調整

　ヘッダーのベースレイアウトはすでに完了していますが、paddingやmarginで余白感の調整を
しつつ、ロゴのサイズ設定も行いましょう。ロゴの隣にある職種の表記（Designer/Developer）
は、**モバイル版とタブレット版で表示していない**ので、「display: none;」で表示しないようにする
のも忘れずにやっておいてくださいね（リスト7-3）。これでモバイル版のヘッダーはスタイリング
完了です（図7-2）。

リスト7-3　ヘッダーのスタイリングを記載する

```css
.container {
  padding: 0 20px;
}

/* -------------------------------------
  Header
------------------------------------- */

.header {
  padding: 15px 20px;
}
```

```
.header-logo-img {
  width: 40px;
}

.header-logo-title {
  display: none;
}

.header-nav-menu-item {
  margin-left: 20px;
}
```

図7-2　ヘッダーのスタイリング後（モバイル）

ヒーローエリアの調整

　ヒーローエリアも同様に余白感の調整をしつつ、ラップトップ版から必要になる
やプロフィール画像などの**不要なものを「display: none;」で非表示にしておきます**（ リスト7-4 ）。変更内容を保存したらブラウザを更新してみましょう。 図7-3 のようにプロフィール画像が隠れていれば問題ありません。

リスト7-4　　ヒーローエリアのスタイリングを記載する

```
.header-nav-menu-item {
  margin-left: 20px;
}

/* ------------------------------------
  Main - Hero
------------------------------------ */
```

```
.main-hero {
  padding: 100px 0 80px;
}

.main-hero-highlight-links p {
  margin-bottom: 20px;
}

.main-hero-highlight-links p > br {
  display: none;
}

.main-hero-img {
  display: none;
}
```

図7-3 ヒーローエリアのスタイリング後（モバイル）

これまでの仕事を紹介するエリアの調整

　このエリアのスタイリングで注目してほしいのは、見出しタグのときと同様に上下の余白を
margin-bottomだけにしている点と、その中でも各プロジェクトを紹介している部分で最後の
<p>の下にmargin-bottomを大きめに設定している点です（ リスト7-5 ）。first-childやlast-childに
加えて、このlast-of-typeも使うことが多いので覚えておきましょう。last-of-typeは「その子要素

のうち、最後の指定タグに適用する」という意味なので、ここでは「main-works-item-textの子要素のうち、最後の<p>に適用する」という指定になります。

リスト7-5　　これまでの仕事を紹介するエリアの調整をする

```css
.main-hero-img {
  display: none;
}

/* -------------------------------------
  Main - Works
------------------------------------- */

.main-works {
  padding: 80px 0;
}

.main-works-item {
  margin-bottom: 50px;
}

.main-works-item-img {
  margin-bottom: 40px;
}

.main-works-item-text p:last-of-type {
  margin-bottom: 30px;
}
```

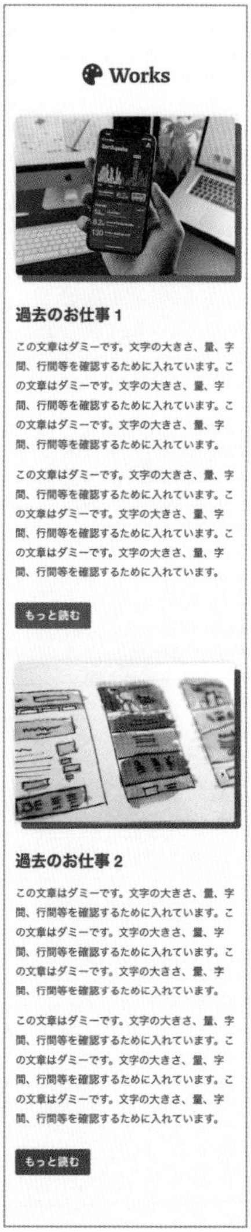

図7-4
これまでの仕事を紹介するエリアの
スタイリング後（モバイル）

自身について紹介するエリアの調整

このエリアも基本は余白の調整なのですが、2つのポイントがあるのでチェックしていきましょう（ リスト7-6 ）。

| リスト7-6 | 自身について紹介するエリアの調整をする |

```css
.main-works-item-text p:last-of-type {
  margin-bottom: 30px;
}

/* ---------------------------------------
   Main - About
   --------------------------------- */

.main-about {
  padding: 80px 0 60px;
}

.main-about-img {
  text-align: center;
}

.main-about-img .mobile {
  max-width: 200px;
  margin-bottom: 40px;
  border-radius: 50%;
}
```

border-radiusを50%にして
画像を円形にする

```css
.main-about-img .tablet-and-up {
  display: none;
}
```

モバイル版では横長のプロフィール画像を非表示にする

```css
.main-about-description,
.main-about-addition-skills {
  margin-bottom: 30px;
}

.main-about-addition-skills ul,
.main-about-addition-skills li {
  margin-bottom: 10px;
}
```

　1つ目はモバイル版のプロフィール画像を円形にするために、「border-radius: 50%;」を使っていること。pxでの指定も十分な数値を設定すれば円形になるのですが、後で画像のサイズを調整した場合、それにあわせてborder-radiusの値も調整しなければならなくなることが多いです。50%としておくことで、**画像サイズに関係なく円形を保つ**ことができます。

　2つ目はモバイル版とタブレット版以降で画像が切り替わるため、「.main-about-img .tablet-and-up」を非表示にしていることです。こちらを非表示にしておかないと、両方のプロフィール画像が表示されてしまうので注意してください。きちんと記述することができれば、自身について紹介するエリアの見た目は 図7-5 のようになります。

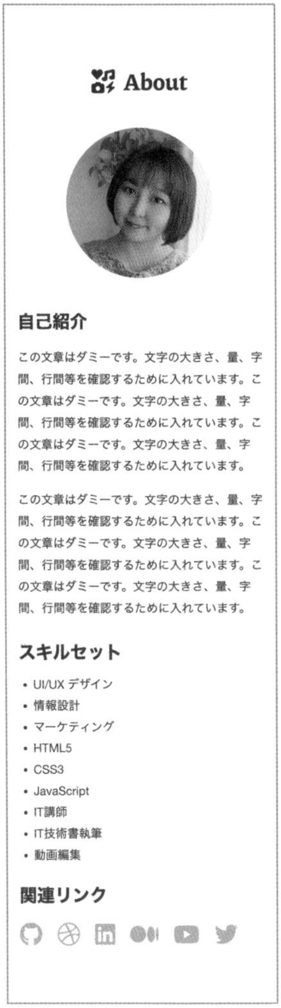

図7-5　自身について紹介するエリアのスタイリング後（モバイル）

フッターの調整

　最後にフッターのレイアウトを調整していきます。一旦フォームを飛ばし、Flexboxを使って
フッター下部のナビゲーションやリンク、コピー表記部分のレイアウトを作りましょう。まず
は リスト7-7 のように記載してみてください。

リスト7-7

リスト7-7	Flexboxでフッターのレイアウトを作る

```
.main-about-addition-skills li {
  margin-bottom: 10px;
}

/* -------------------------------------
   Footer
   ------------------------------------- */

.footer-info {
  display: flex;
  align-items: center;
  flex-direction: column;
}

.footer-info-nav {
  display: flex;
  align-items: baseline;
}

.footer-info-nav-menu ul {
  display: flex;
}
```

　footer-info内はすべてのパーツが中央揃えになっていますよね。これにもいろいろやり方はあ
るのですが、他のエリアと同様にFlexboxを使う場合は、このようにコーディングすることで実現
できます。

　「display: flex;」を指定するだけでは、すべての子要素が横に並んでしまうので、「flex-direction:
column;」を使うことで、子要素を縦に並べることができます。**並ぶ方向を変えた場合、中央揃え
は「justify-content: center;」ではなく「align-items: center;」を使う**ので注意してください。

　またfooter-info-navとその子要素のfooter-info-nav-menuも、「display: flex;」を使うことで横
に並べています。そしてfooter-info-navはロゴとメニューが下部で揃っているので、「align-
items: baseline;」を使ってください。

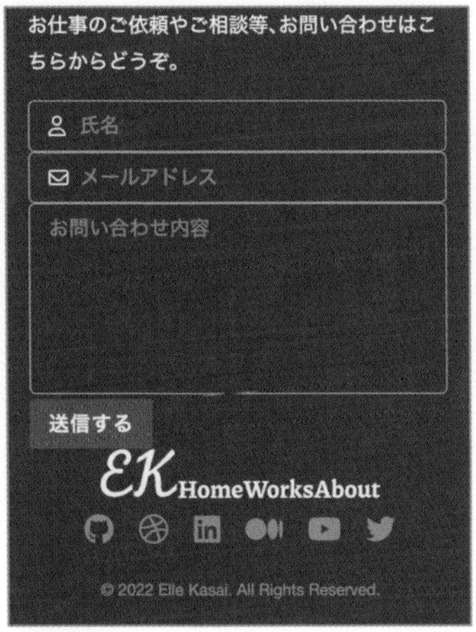

図7-6 Flexboxでフッターのレイアウトを作る

ここまでできたら、余白の調整とロゴサイズの設定をしてモバイル版の完成です（ リスト7-8 ）。

リスト7-8	余白とサイズを調整する

```
.footer {
  padding: 60px 0 10px;          ── フッターエリア全体の余白感調整
}

.footer-form {
  margin-bottom: 80px;
}

.footer-form-input {
  margin-bottom: 10px;           ── フォーム部分の余白感調整
}

.footer-form-textarea {
  margin-bottom: 20px;
}

.footer-info {
  display: flex;
  align-items: center;
  flex-direction: column;
}

.footer-info-nav,
.footer-info-follow {
  margin-bottom: 40px;           ── フッター下部のブロック間の余白感調整
}
```

```
.footer-info-nav {
  display: flex;
  align-items: baseline;
}

.footer-info-nav-menu ul {
  display: flex;
}

.footer-info-nav-menu li {
  margin-left: 20px;
}

.footer-info-nav-img {
  width: 60px;
}
```

─ フッターナビゲーションのメニュー間の余白感調整

図7-7 フッターのスタイリング後（モバイル）

モバイル版のコーディング

7
1

7 2 タブレット版のコーディング

モバイル版のコーディングに続いて、今度はタブレット版もコーディングしていきましょう。**style-tablet.css**を開いてください。モバイル版からタブレット版にウィンドウサイズが変わるにあたってガラッとレイアウトが変わる箇所も多いので、デベロッパーツールもタブレットの画面サイズに切り替えた上で、注意しながら進めてください。またタブレット版からはメディアクエリも使用しているので、スタイルを記述する際は**メディアクエリの中にきちんと含める**ようコーディングしましょう。

見出しタグの設定

見出しタグはモバイル版と比べるとわかりやすいのですが、フォントサイズや余白がひと回り大きくなるイメージです。 リスト7-9 のようにコーディングしてください。

リスト7-9　　見出しタグのサイズや余白を調整する

```
/* -------------------------------------
   Tablet Styling
-------------------------------------- */

@media screen and (min-width: 48em) {

  h1, h2 {
    font-size: 2.25rem;
  }

  h1 {
    margin-bottom: 40px;
  }

  h2 {
    margin-bottom: 60px;
  }
```

```
    h2 > i {
      margin-right: 20px;
    }

    /* Reusable Classes */

    /* Header */

    /* Main - Hero */

    /* Main - Works */

    /* Main - About */

    /* Footer */
  }
```

共通クラスの余白設定

　次に共通クラスですが、ここでも調整するのはcontainerクラスの余白です。ウィンドウサイズが大きくなってくると、**モバイル版の余白感では少し窮屈**に感じてしまいます。左右につけている余白を少し大きくしましょう（ リスト7-10 ）。ブラウザを更新後、図7-8 のように左右の余白が広がっていれば大丈夫です。

リスト7-10	containerのpaddingを調整する

```
@media screen and (min-width: 48em) {

=== 中略 ===

  /* --- Reusable Classes --- */

  .container {
    padding: 0 40px;
  }

}
```

図7-8 containerの左右の余白を調整した後

ヘッダーの調整

　ヘッダーも基本的には余白やフォントサイズ、ロゴ画像をひと回り大きくするイメージです。特に難しいスタイリングはありません（**リスト7-11**）。これでヘッダーもタップできる領域が広がって、**Webサイトの訪問者にとってタップしやすい大きさ**になりました（**図7-9**）。

リスト7-11　ヘッダーのスタイリングを調整する

```
/* --- Reusable Classes --- */

.container {
  padding: 0 40px;
}

/* --- Header --- */

.header {
  padding: 20px 40px;
}

.header-logo-img {
  width: 60px;
}
```

7

```
.header-nav-menu-item {
  margin-left: 40px;
}

.header-nav-menu-item > a {
  font-size: 1.5rem;
}
```

図7-9 ヘッダーのスタイリング後（タブレット）

ヒーローエリアの調整

　ヒーローエリアはプロフィール画像を表示することになるので、レイアウトは左右2カラムにガラッと変わります。こちらもFlexboxで行うので、まずはそれらの設定を行いましょう（ **リスト7-12** ）。
　ここで注意したいのは、containerに直接スタイリングを書き込むのではなく、新たに**main-hero-container**というclassを作ることで「containerで最大幅や余白の設定」「main-hero-containerでカラムの設定」と、役割を分担している点です。左側のテキスト部分が60%、右側のプロフィール画像を40%の横幅に設定しつつ、「align-items: center;」を使うことで垂直方向に中央配置しています。

リスト7-12　ヒーローエリアを2カラムに変更する

```
.header-nav-menu-item > a {
  font-size: 1.5rem;
}

/* --- Main - Hero --- */

.main-hero-container {
  display: flex;
  align-items: center;
}
```

```css
.main-hero-highlight {
  width: 60%;
}

.main-hero-img {
  display: block;
  width: 40%;
}
```

index.htmlでも、新しく追加したclassの記入を忘れずに行ってくださいね（ リスト7-13 ）。

リスト7-13　ヒーローエリアを2カラムに変更する (index.html)

```html
<main id="home" class="main">
  <section class="main-hero">
    <div class="main-hero-container container">
```

　次にプロフィール画像をもう少しスタイリングします。プロフィール画像は円形になっているので、モバイル版と同様に画像自身に「border-radius: 50%;」をつけつつ、main-hero-imgには「padding-left: 20px;」を設定しましょう。こうすることによって、ウィンドウサイズがモバイル版に変わるギリギリのサイズになっても、テキストに画像が近づきすぎることを防いでいます。最後に、mein-hero自体の上下の余白を調整しましょう（ リスト7-14 ）。変更内容を保存したらブラウザを更新して、きちんと2カラムになっているか、そしてプロフィール画像が表示されているかどうか確認しましょう（ 図7-10 ）。

リスト7-14　ヒーローエリアの細かなスタイリングを追記する

```css
/* --- Main - Hero --- */

.main-hero {
  padding: 140px 0 100px;
}

.main-hero-container {
  display: flex;
  align-items: center;
}

.main-hero-highlight {
  width: 60%;
```

7

CSSでのレスポンシブ対応

169

```
  }

  .main-hero-img {
    display: block;
    width: 40%;
    padding-left: 20px;
  }

  .main-hero-img img {
    border-radius: 50%;
  }
```

 POINT レスポンシブ対応をする際は、今回扱っているような一般的なウィンドウサイズの対応
をするのはもちろんのこと、その間のウィンドウサイズでも最低限の見た目を担保する
よう気づかいましょう。

図7-10 ヒーローエリアのスタイリング後（タブレット）

これまでの仕事を紹介するエリアの調整

　このエリアも左右2カラムのレイアウトに変わるので、まずはFlexbox周りのコーディングをし
てベースを整えましょう。気をつけてほしいのは、1つ目のmain-works-itemと2つ目のmain-

works-itemで、テキストと画像の位置が入れ替わっているという点です。

　ここは「:nth-child」を使って対処し、2つ目だけ「flex-direction: row-reverse;」で左右を入れ替えます。テキストと画像の横幅はそれぞれ50%に設定してください（ リスト7-15 ）。

| リスト7-15 | これまでの仕事を紹介するエリアを2カラムにする |

```css
.main-hero-img img {
  border-radius: 50%;
}

/* --- Main - Works --- */

.main-works-item {
  display: flex;
  align-items: center;
}

.main-works-item:nth-child(2) {
  flex-direction: row-reverse;
}

.main-works-item-text,
.main-works-item-img {
  width: 50%;
}
```

　ここまでできたらあとは簡単です。余白とテキストサイズを調整し、次に移りましょう（ リスト7-16 ）。ここまでスタイリングできたらタブレット版の画面は 図7-11 のような見た目に整うようになっています。

　さて、ここで「ネガティブマージン」という小技を使っています。画像とテキストが近づきすぎないように「padding: 0 30px;」を追加しているのですが、これだとcontainerよりも随分コンテンツが小さくなってしまって少しバランスが悪いのと、垂直方向に見たときに端が揃っていないのでキレイに見えません。

　そのため「ネガティブマージン」、つまり**marginにマイナスの値をつけることによってコンテンツが縮まった分を広げ直している**のです。これでテキストと画像が近づきすぎるのを防ぎつつ、コンテンツの大きさも確保しています。実際にネガティブマージンをつける前後で比べると違いがわかりやすいので、確認してみてください。

7

CSSでのレスポンシブ対応

171

リスト7-16 残りのスタイリングを追記する

```css
/* --- Main - Works --- */

.main-works {
  padding: 100px 0;
}

.main-works-item {
  display: flex;
  align-items: center;
  margin: 0 -30px 50px;
}

.main-works-item:nth-child(2) {
  flex-direction: row-reverse;
}

.main-works-item-text,
.main-works-item-img {
  width: 50%;
  padding: 0 30px;
}
```

②余白をつけて縮まった分をネガティブマージンで広げ直す

①画像とテキストが近づきすぎないように左右の余白をつける

図7-11
これまでの仕事を紹介するエリアの
スタイリング後（タブレット）

自身について紹介するエリアの調整

　こちらもひとひねりが必要なエリアです。まずはモバイル版で表示していたプロフィール画像を非表示にし、タブレット版とラップトップ版で使う画像を表示させましょう。この画像は横いっぱいに広げたいので「width: 100%;」にします（リスト7-17）。

リスト7-17　表示する画像を入れ替える

```css
.main-works-item-text,
.main-works-item-img {
  width: 50%;
  padding: 0 30px;
}

/* --- Main - About --- */

.main-about-img .mobile {
  display: none;
}

.main-about-img .tablet-and-up {
  display: block;
  width: 100%;
}
```

　次にFlexbox周りのスタイリングです。main-about-descriptionとmain-about-additionを横並びにする必要があるので、Flexboxを使いつつ、それぞれの横幅を50%に設定にしましょう。main-hero-containerのときと同様に、main-about-containerという新しいclassを追加して2カラムにしているので注意してください（リスト7-18、リスト7-19）。

リスト7-18　自己紹介とその他の情報を横並びに変更する（index.html）

```html
<div class="main-about-container container">
  <div class="main-about-description">
```

リスト7-19　自己紹介とその他の情報を横並びに変更する

```css
.main-about-img .tablet-and-up {
  display: block;
```

```
    width: 100%;
  }

  .main-about-container {
    display: flex;
  }

  .main-about-description,
  .main-about-addition {
    width: 50%;
  }
```

　あとは余白を適宜調整して終わりなのですが、一点だけ注意してほしいのはmain-about-descriptionのmargin-bottomです。これはモバイル版でレイアウトが縦に並んでいた際に余白として30pxに設定されていたものですが、左右のレイアウトに変わった今は必要がありません。そのままにしておくと余分な余白ができてしまうので、忘れずに打ち消しておきましょう（リスト7-20）。スタイリングが完了したタブレット版は図7-12のようになります。

リスト7-20	残りのスタイリングを追記する

```
  /* --- Main - About --- */

  .main-about {
    padding: 100px 0;
  }

  .main-about-img .mobile {
    display: none;
  }

  .main-about-img .tablet-and-up {
    display: block;
    width: 100%;
    margin-bottom: 60px;
  }

 --= 中略 ===

  .main-about-description {
    margin-right: 50px;
    margin-bottom: 0;          不要になったmargin-bottomをなくす
  }

}
```

図7-12 自身について紹介するエリアのスタイリング後（タブレット）

フッターの調整

最後にフッターの調整です。ここで肝になってくるのはレイアウトの配置なのですが、まずはいつも通りFlexboxを使って横並びに変更してみましょう。footer-formとfooter-infoはそれぞれ横幅を50%に設定してください。ヒーローエリアや自身について紹介するエリアと同様、footer-containerという新しいclassを追加して2カラムにしています（ リスト7-21 、 リスト7-22 ）。

リスト7-21　　フッターエリアを2カラムに変更する（index.html）

```
<footer id="contact" class="footer">
  <div class="footer-container container">
    <div class="footer-form">
```

リスト7-22　フッターエリアを2カラムに変更する

```
.main-about-description {
  margin-right: 50px;
  margin-bottom: 0;
}

/* --- Footer --- */

.footer-container {
  display: flex;
}

.footer-form,
.footer-info {
  width: 50%;
}
```

　ここで気がつくかもしれませんが、このままだとHTMLでの記載順序によってフォームが左側に来てしまいます。しかし、デザインでは右側に来ているので、順序を入れ替える必要があります。main-works-itemで設定したときと同じように、「flex-direction: row-reverse;」を追記して入れ替えましょう（リスト7-23）。

リスト7-23　順番を入れ替える

```
/* --- Footer --- */

.footer-container {
  display: flex;
  flex-direction: row-reverse;
}

.footer-form,
.footer-info {
  width: 50%;
}
```

　次に「align-items: flex-end;」を使って下に揃えつつ、「justify-content: space-between;」によって、間に十分な余白を設けます。さらにfooter-infoに「align-items: flex-start;」を追記することで、**footer-infoが右端にくるように調整してください**。align-itemsを使っているのはモバイル版で「flex-direction: column;」を記載しているからです。「justify-content」だと動いてくれな

いので注意しましょう（ リスト7-24 ）。

リスト7-24　　要素の位置関係を調整する

```css
/* --- Footer --- */

.footer-container {
  display: flex;
  align-items: flex-end;
  flex-direction: row-reverse;
  justify-content: space-between;
}

.footer-form,
.footer-info {
  width: 50%;
}

.footer-info {
  align-items: flex-start;
}
```

POINT　こちらでもFlexboxを駆使しながらレイアウトを作っていますが、Flexboxのルールを覚えていないと混乱しやすい部分です。いまいち何が起きているのかわからなくて不安だという方は、Flexboxについておさらいしながら進めると理解しやすいでしょう。

　最後に リスト7-25 のように各要素の余白やサイズ感を調整して、タブレット版のコーディングも完了です。フッターのレイアウトや位置関係など、デザイン通りに変更できたか確認してみましょう（ 図7-13 ）。

リスト7-25　　残りのレイアウト調整について追記する

```css
/* --- Footer --- */

.footer {
  padding: 100px 0;
}
```

=== 中略 ===

7

CSSでのレスポンシブ対応

```
.footer-form,
.footer-info {
  width: 50%;
}

.footer-form {
  margin-bottom: 0;
}

.footer-form-textarea {
  margin-bottom: 30px;
}

.footer-info {
  align-items: flex-start;
  margin-top: 0;
}

.footer-info-follow {
  margin-bottom: 140px;
}

.footer-info-copy {
  margin-bottom: 0;
}
```

———— タブレット版から不要になった上下の余白を削除する

図7-13 フッターのスタイリング後（タブレット）

7 | 3 ラップトップ版のコーディング

それでは最後にラップトップ版をコーディングしていきましょう。**style-laptop.css**を開いてください。モバイル版やタブレット版に比べるとコーディングの量も少し減りますし、基本的には要素のサイズや余白感を変えるのみなので楽に感じることでしょう。デベロッパーツールはデバイスのツールバーを閉じておきましょう。

見出しタグの設定

見出しタグはサイズと余白の調整だけなので簡単ですね。 リスト7-26 のようにコーディングしてください。

リスト7-26　　見出しタグのサイズを調整する

```
/* -----------------------------------
   Laptop Styling
   ----------------------------------- */

@media screen and (min-width: 64em) {

  h1, h2 {
    font-size: 3rem;
  }

  h3 {
    margin-bottom: 30px;
    font-size: 2rem;
  }
                          ┌──Reusable Classesに変更はないため削除
  ┌─────────────────────┐
  │                     │
  └─────────────────────┘

  /* Header */

  /* Main - Hero */
```

```
    /* Main - Works */

    /* Main - About */

    /* Footer */

}
```

ヘッダーの調整

　ヘッダーでは**これまで非表示にしていた職業のテキストを表示します**。サイズや余白感も忘れずに追記しましょう（ リスト7-27 ）。変更内容を保存したらブラウザを更新して、職業がきちんと表示されるようになったか確認してください（ 図7-14 ）。

リスト7-27	ヘッダーのスタイリングを調整する

```
h1, h2 {
  font-size: 3rem;
}

h3 {
  margin-bottom: 30px;
  font-size: 2rem;
}

/* --- Header --- */

.header-logo-title {
  display: block;
  margin-left: 30px;
  font-size: 1.5rem;
}
```

図7-14 ヘッダーのスタイリング後（ラップトップ）

ヒーローエリアの調整

　このエリアは、タブレット版では左右どちらとも50%ずつでレイアウトを分けていましたが、ラップトップ版になるとその比率が変化するので注目しましょう。main-hero-highlightを70%、main-hero-imgを30%に設定してください。

　次に「このポートフォリオサイトの〜」から始まる部分はラップトップ版から`<br>`を表示するよう変更して、区切りのよいところで次の行になるように設定します。あとはpaddingをラップトップ版に合わせて大きくすれば完了です。 リスト7-28 のようにコーディングしましょう。図7-15 のような見た目になっていれば問題ありません。

リスト7-28	ヒーローエリアを調整する

```css
.header-logo-title {
  display: block;
  margin-left: 30px;
  font-size: 1.5rem;
}

/* --- Main - Hero --- */

.main-hero {
  padding: 160px 0 120px;
}

.main-hero-highlight {
  width: 70%;
}

.main-hero-highlight-links p > br {
  display: inline;
}

.main-hero-img {
  width: 30%;
}
```

図7-15 ヒーローエリアのスタイリング後（ラップトップ）

これまでの仕事を紹介するエリアの調整

　このエリアも基本的には余白感の調整をすることになるのですが、各プロジェクトの画像につけた装飾の box-shadow に大きさの変化があるので、そちらでも調整が必要です。

　まずは先に padding と margin の設定をしてしまいましょう。main-works-item-text と main-works-item-img で padding を設定しているので、その親要素の main-works-item では**マイナスの margin をつけて幅を広げる**テクニックを使っています。 リスト7-29 のように記載してください。

リスト7-29 padding と margin の調整をする

```
.main-hero-img {
  width: 30%;
}

/* --- Main - Works --- */

.main-works {
  padding: 120px 0;
}

.main-works-item {
  margin: 0 -60px 100px;          ──②余白をつけて縮まった分をネガティブマージンで広げ直す
}

.main-works-item-text,
.main-works-item-img {
  padding: 0 60px;                ──①画像とテキストが近づきすぎないように左右の余白をつける
}
```

ラップトップ版のコーディング

7
3

次にbox-shadowの設定をします。ほんのり入っている影には変化はありませんが、装飾の青や紫のボックスは大きさが変わっています。きちんと設定し直してあげましょう（ リスト7-30 ）。最終的な見た目は 図7-16 のようになります。

リスト7-30　box-shadowの大きさを調整する

```css
.main-works-item-text,
.main-works-item-img {
  padding: 0 60px;
}

.main-works-item-img.primary img {
  box-shadow:
    1px 1px 10px rgba(0, 0, 0, 15%),
    30px 30px 0 #53687E;
}

.main-works-item-img.secondary img {
  box-shadow:
    1px 1px 10px rgba(0, 0, 0, 15%),
    30px 30px 0 #6B4E71;
}
```

図7-16 これまでの仕事を紹介するエリアのスタイリング後（ラップトップ）

自身について紹介するエリアの調整

このエリアはmain-about-addition-skillsでレイアウトが変わることに注目です。例のごとくFlexboxを使って横並びにしつつ、必要のなくなったmargin-bottomを打ち消し、新たに必要となったmargin-leftを追記します。「ul + ul」とすることで、すべての<ul>にmargin-leftをつけるのではなく、隣接した<ul>、つまり**2番目以降の<ul>だけに余白をつける**というテクニックを使っています（ リスト7-31 ）。

リスト7-31　main-about-addition-skillsの調整をする

```
.main-works-item-img.secondary img {
  box-shadow:
    1px 1px 10px rgba(0, 0, 0, 15%),
    30px 30px 0 #6B4E71;
}

/* --- Main - About --- */

.main-about-addition-skills {
  display: flex;
}

.main-about-addition-skills ul {
  margin-bottom: 0;
}

.main-about-addition-skills ul + ul {
  margin-left: 30px;
}
```

POINT　隣接セレクタは使いこなせるととても便利なものなのですが、どの要素を選択していることになるのか、コードだけではわかりにくいことがあります。要素の位置関係を紙に描いてみると視覚化できて理解が深まるのでおすすめです。

あとはpaddingとmarginの調整をするだけなので楽に終えられるでしょう（ リスト7-32 ）。スタイリングを終えたら変更内容を保存し、ブラウザを更新してみましょう。図7-17 のようにスタイリングできていれば完了です。

```
/* --- Main - About --- */

.main-about {
  padding: 120px 0;
}

.main-about-img {
  margin-bottom: 100px;
}

.main-about-addition-skills {
  display: flex;
}
```

図7-17 自身について紹介するエリアのスタイリング後（ラップトップ）

フッターの調整

　残るはフッターの調整です。まずはfooter-formとfooter-infoの比率に変化があるので先に設定してしまいましょう。footer-formを40%、footer-infoを60%に変更します（リスト7-33）。

リスト7-33　横幅の比率の調整をする

```
.main-about-addition-skills ul + ul {
  margin-left: 30px;
}

/* --- Footer --- */

.footer-form {
  width: 40%;
}

.footer-info {
  width: 60%;
}
```

　次にfooter-formの子要素の設定をします（**リスト7-34**）。これまでfooter-form-inputは縦方向に並んでいたのですが、ここに来て横並びに変更しなければなりません。Flexboxを使うとtextareaも含めてすべて横並びになってしまうので、「flex-wrap: wrap;」を使って一旦縦方向に戻しつつ、footer-form-inputに「width: 49%;」を設定してください。

　また、2つのfooter-form-inputの間に2%のマージンを入れることで余白を設けます。ここで**「49% + 2% + 49% = 100%」となるように横幅を調整している**ことがわかりますね。初心者だとこの横幅のパーセンテージ設定がおざなりになっていることも多いので注意しましょう。

リスト7-34　footer-form-inputのレイアウトを調整する

```
/* --- Footer --- */

.footer-form {
  width: 40%;
}

.footer-form form {
  display: flex;
  flex-wrap: wrap;
}

.footer-form-input {
  width: 49%;
}

.footer-form-input + .footer-form-input {
```

```
    margin-left: 2%;
  }

  .footer-info {
    width: 60%;
  }
```

　最後にpaddingを追記しつつ、footer-info-nav-imgのサイズ調整を行ってラップトップ版も完了です（リスト7-35）。最終的にフッターが図7-18のような見た目になっていれば問題ありません。ひとまずこれでひと通りコーディングできたことになるのですが、最後の仕上げである「リファクタリング」が残っています。次のセクションで一緒に見ていきましょう。

リスト7-35　footer-info-nav-imgのサイズを調整する

```
/* --- Footer --- */

.footer {
  padding: 120px 40px;
}

.footer-info-nav-img {
  width: 110px;
}

.footer-form {
  width: 40%;
}
```

図7-18 フッターのスタイリング後（ラップトップ）

7　4　リファクタリング

　初心者の場合にありがちなのが、「ひとまず形にできたから……」とリファクタリングせずに本番環境に乗せて、インターネット上で公開してしまうことです。苦労しながらとにかく実装したので、もう自分のコードは見たくない、次のプロジェクトに移りたいと考えてしまうのですよね。一旦公開するのもかまわないのですが、初心者を脱却するためにはもうひと頑張りする必要があります。それがこの節で扱うリファクタリングです。

リファクタリングとは何か

　リファクタリングとは、「既存のコードを見直して、機能や見た目を変えずに内部構造を改善する」というプロセスを指します。これを行う目的には、いくつかあるので下記に記載しますが、基本は「今後の修正や拡張を楽にする」ということを念頭に置いてください。

- 重複部分や不必要な部分を排除する
- 読みやすく、理解しやすいコードを心がける
- バグやダメな上書きを発見する

　本書のコードは著者も何度かリファクタリングを重ねているので、解説されている通りにコーディングしていただければ問題はありません。しかし今後このWebページを自分好みに更新・改善したり、自分で新しいプロジェクトに取り組んだりするのであれば必須の知識です。それぞれ項目を解説していきます。

重複部分や不必要な部分を排除する

　初心者の皆さんにまず意識してほしいのはこちらです。初心者の場合、「とにかく形にする」ことに重きを置いてしまうため、無駄にコードが長くなりがちなのです。今回のようなWebページはデータが軽いのであまり問題になりませんが、これが大規模なものになってくるとデータが重くなり、表示にも時間がかかってしまいます。

　まず重複部分については「別のタグや親要素、既存クラスでまかなえるスタイルをなくす」ことが前提ですが、もう少しステップアップするのであれば**「構造とスキンを分ける」**ことも意識してみましょう。今回のWebページであれば、button-primaryとbutton-secondaryのコードがよい練習になりますね。まずは リスト7-36 を見てみましょう。

リスト7-36	button-primaryとbutton-secondaryのスタイリング

```css
.button-primary,
.button-secondary {
  display: inline-block;
  padding: 10px 15px;
  border: none;
  border-radius: 3px;
  color: #FFF7F7;
  font-size: 1rem;
  font-weight: 600;
  letter-spacing: 1px;
  text-decoration: none;
}

.button-primary {
  background-color: #53687E;
}

.button-secondary {
  background: #6B4E71;
}
```

button-primaryとbutton-secondaryに共通しているベースの構造を先にスタイリングして、後からbutton-primaryだけの色、button-secondaryだけの色を設定しています。重複を考えずにスタイリングすると リスト7-37 のようになるでしょう。コードが随分長くなってしまうのがわかります。この状態で、例えばborder-radiusの丸みを変えたいとなったら、2箇所を直さなければなりませんよね。これではメンテナンスに手間がかかってしまいます。

リスト7-37　スタイリングが重複していた場合

```
.button-primary {
  display: inline-block;
  padding: 10px 15px;
  background-color: #53687E;
  border: none;
  border-radius: 3px;
  color: #FFF7F7;
  font-size: 1rem;
  font-weight: 600;
  letter-spacing: 1px;
  text-decoration: none;
}

.button-secondary {
  display: inline-block;
  padding: 10px 15px;
  background: #6B4E71;
  border: none;
  border-radius: 3px;
  color: #FFF7F7;
  font-size: 1rem;
  font-weight: 600;
  letter-spacing: 1px;
  text-decoration: none;
}
```

でも実は、現状のコードをもう一段階よいものにする方法があります。今のままだとボタンのベーススタイリングを共有しているので、もう1つボタンを足したいとなったときに リスト7-38 のように記載することになります。ボタンの種類が少ないうちはあまり問題ないのですが、「このclassと、このclassと、このclassで……」という風にセレクタの数が増えていくばかりで、あまりスマートではありません。

```
.button-primary,
.button-secondary,
.button-tertiary {
  display: inline-block;
  padding: 10px 15px;
  border: none;
  border-radius: 3px;
  color: #FFF7F7;
  font-size: 1rem;
  font-weight: 600;
  letter-spacing: 1px;
  text-decoration: none;
}

.button-primary {
  background-color: #53687E;
}

.button-secondary {
  background: #6B4E71;
}

.button-tertiary {
  background: #C4E7D4;
}
```

それではどうしたらいいのでしょうか。ベースの構造をスタイリングする button と、スキンをスタイリングする button-primary や button-secondary に分けてあげましょう。下記のようにコーディングし直してみてください。HTMLでボタンを挿入していた部分も、「button button-primary」という風に**2つのclassを記載する必要があります**。現状3つのボタンが存在しているので、それぞれ忘れずに変更してください（ リスト7-39 、 リスト7-40 ）。

リスト7-39 ベースのスタイリングをbuttonにまとめる（HTML）

```
<a href="" class="button button-primary">もっと読む</a>
<a href="" class="button button-secondary">もっと読む</a>
<input type="submit" value="送信する" class="button button-primary">
```

リスト7-40 ベースのスタイリングをbuttonにまとめる（CSS）

```
.button {
  display: inline-block;
  padding: 10px 15px;
  border: none;
  border-radius: 3px;
  color: #FFF7F7;
  font-size: 1rem;
  font-weight: 600;
  letter-spacing: 1px;
  text-decoration: none;
}

.button-primary {
  background-color: #53687E;
}

.button-secondary {
  background: #6B4E71;
}
```

　こうすることで構造とスキンのclassがしっかり分離し、構造をスタイリングしているセレクタも1つで済みますよね。何か構造で変更が必要であれば、このbuttonを変更するだけですべてのボタンに一度で変更内容を反映させることができます。

　他には、いろいろなプロパティを足していった結果、必要ないものまでそのまま残してしまうことに……というケースが多々あります。これは単純にプロパティを外すのが面倒だったり、せっかく実装できたのに触って崩してしまうのが怖かったりと、様々な理由があるかもしれません。しかし、不必要な部分を残しておくと、**後で上書きしなければならなくなったり、思わぬバグに見舞われたりすることもあります。**きちんと外しておきましょう。

読みやすく、理解しやすいコードを心がける

　後からコードを振り返ったときのことを考えて、**自分にも他人にもわかりやすいようにコードを書いておく**ことは重要です。特に、複数人で一緒に作業をする際、スムーズな共同作業を行う上で、コードの理解しやすさは大きなメリットとなり、開発の規模が大きくなるほど重要度が増すポイントです。わかりやすいコードを書くために、普段から下記を意識してみてください。

- わかりやすいクラス名を付与する
- セクションごとに関連性のあるクラスをまとめる
- プロパティは「大枠→細かな設定」の順で上から並べる

　ここで今回のコードを再度見ていただくと、これらを意識してCSSが書かれていることに気づくかと思います。コメントも上手く使いながら読みやすいコードを書きましょう（ リスト7-41 ）。

リスト7-41　　理解しやすいコードを心がける

```
/* --------------------------------------
   Laptop Styling
-------------------------------------- */

@media screen and (min-width: 64em) {

  h1 {
    font-size: 3rem;
  }

  /* --- Header --- */

  .header-logo-title {
    display: block;
    margin-left: 30px;
    font-size: 1.5rem;
  }

  === 中略 ===

}
```

 そのプロジェクトに開発チームが存在する場合は、すでにチームのコーディングルールが存在している場合も多々あります。チームメンバーに確認してどのようなルールでコーディングされているのか理解することも大切です。

バグやダメな上書きを修正する

　リファクタリングは思いも寄らないバグや上書きを防ぐのにも有効です。例えば リスト7-42 を見てみてください。一度スタイリングしているのに、後からそれを大きく打ち消して新しいスタイリングをしていますよね。こういった上書きは後々、変なところで再度の上書きが必要になったり、本来は最終手段であるはずの!importantを付与してまで打ち消さなければいけなくなったりと、不要な修正を発生させてしまいます。

リスト7-42　上書きする量が多かったら設計を考え直す

```
.section-title {
  text-align: center;
  background-color: #6B4E71;
  color: #FFFFFF;
  font-size: 32px;
  font-weight: bold;
}

/* これは .special-section-title という
   別クラスを作ったほうが、上書きが減る可能性が高い */
.section-title.special {
  text-align: left;
  background-color: transparent;
  color: #000000 !important;
  font-size: 48px;
  font-weight: 400;
}
```

　今はまだそれぞれのファイルの行数も短いので、バグを発生させている箇所や不必要な上書きも発見しやすいですが、もしも何百行もあるCSSファイルや、別のCSSファイルに存在しているスタイリングだったらどうでしょうか？　気が遠くなる作業なのは皆さんにも想像しやすいと思います。

　こうした困った状況を避けるためにも、上手にデベロッパーツールを駆使しながら、できる限り**こまめにコードのメンテナンスをしていく**のが肝要です。本書では、デベロッパーツールの使い方については割愛していますが、Appendixで初心者の皆さんにも知っておいていただきたい基本機能を説明しています。ぜひあわせてご覧ください。

　もっと経験を積んでくると、そもそものクラス名の規則や全体の構造などを考えられるようになってきます。今のうちからこれらのことを意識してリファクタリングし、徐々にステップアップしていってくださいね。

CHAPTER 08

自分のプロフィールページへ

8 1 コンテンツの差し替え

　前章まででひと通りコーディングは完了しましたが、今のままでは著者のプロフィールページになってしまいますよね。せっかくなのでコンテンツを差し替えて、読者の**皆さん自身のプロフィールページに作り変えてみましょう**。ここで差し替える項目は下記の通りです。それぞれ順に解説していきます。

- ロゴ
- 職種
- キャッチコピー
- リード文
- SNSリンク
- プロフィール写真
- 過去のお仕事
- 自己紹介
- スキルセット

ロゴ

　ロゴはヘッダーとフッターの両方で使うので、両方とも入れ替えることに注意してください。自分でゼロから作ってもかまいませんし、今では無料でお手軽にロゴを作れるサービスも多く存在します。いくつか紹介するので、好みに合わせて作ってみましょう。

- Shopify Hatchful
  https://hatchful.shopify.com/ja/
- ロゴメーカー
  https://logo-maker.stores.jp/

職種

自分の職種に合わせて変えてみましょう。ヘッダーのナビゲーションが英語なので、職種も英語で書くと一貫性が出てキレイに見えます。

キャッチコピー

こちらは自分がどんな人物なのかをアピールする部分です。**できる限り1文でまとめる**と、インパクトが出てWebページの訪問者にアピールしたい内容も伝わりやすくなります。例では英語で表現していますが、日本語に変えてもかまいません。適宜変えてみてください。

リード文

キャッチコピーを補足する部分です。こちらもあまり長くせず、1〜2文に収められるように工夫しましょう。必要がなければなくしても問題ありませんが、それに合わせて該当するCSSのスタイリングも削除するのを忘れないようにしましょう。

SNSリンク

リンクも適宜ご自身のSNSリンクを挿入したり、必要のないアイコンを削除したりして調整してください。これらのアイコンはすべてFont Awesomeのものなので、他に載せたいSNSアイコンがあれば探してみるのもよいでしょう。**自分について紹介するエリアやフッターでもSNSのリンク集があるので、忘れずに差し替えてくださいね。**

プロフィール写真

プロフィール写真は最低2枚必要です。ヒーローエリアと自己紹介エリアのモバイル版で使うものが1枚、そして自己紹介エリアのタブレット版とラップトップ版で使う横長のものが1枚です。プロフェッショナルに見せたいのであれば自分が仕事をしている様子でもよいですし、逆に自分が打ち込んでいる趣味の写真を入れてみても素敵です。

円形のプロフィール写真はあらかじめ正方形にトリミングしておくとキレイに収まって楽です。また、横長の写真は大きめのサイズでないと画質が荒くなってしまうので注意しましょう。

過去のお仕事

　このエリアは写真と過去のお仕事内容の両方を差し替える必要があります。過去に携わったプロジェクトや、これまでの職歴を紹介するエリアとして使えるので、自分の状況に合わせて変えてみてください。この章の後半でボタンのリンク先のページを作るので、ひとまず空けたままで問題ありません。

自己紹介

　自分のストーリーを語る部分です。キャッチコピーやリード文に合わせて、それを補うように意識しながら書いてみましょう。趣味のプロフィールページであれば、カジュアルな内容でかまわないかもしれませんが、上記で職歴などを紹介しているのであれば、ビジネス寄りのトーンに合わせたほうが一貫性のあるページになります。

スキルセット

　こちらには自分の資格や得意分野、仕事を頼んでほしい分野などを記載しておくとよいでしょう。スキルの中でも**特に強調したいものを、リストの始めのほうに持ってくる**のがコツです。

コンテンツの差し替え

8 2 カラーパレット作成

　コンテンツを自分の情報に差し替えたら、今度はそれぞれの色を変えることでより自分らしさを表現してみましょう。様々な色を組み合わせて1つのセットにしたものを**カラーパレット**と呼ぶのですが、この色の組み合わせによって相手に伝わるイメージは多種多様です。パステルカラーを使って柔らかい印象を与える、暗めの色を使ってプロフェッショナル感を演出する、鮮やかな配色でインパクトを出す……など、考え方はいろいろとあるのですが、まずは現在の配色をおさらいしてみましょう（ 図8-1 ）。

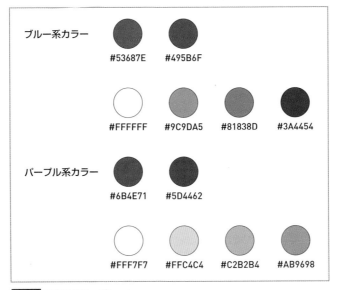

図8-1 現在のカラーパレット

　こちらを見るとわかるように現在は全12色あり、今回はメインの2色（青と紫）をベースに明暗でバリエーションを展開しています。これは1つの簡単なカラーパレットの作り方ですが、本書はHTML/CSSコーディングがテーマですし、初心者の方にとってはまずそのメインカラーをどう決めたらいいのか迷ってしまいますよね。

そこで今回は配色バランスを簡単に決められる「**Coolors**」というツールを使って、カラーパレットを作成してみましょう。

● Coolors
　https://coolors.co/

こちらのURLにアクセスすると「Start the generator!」と「Explore trending palettes」という2つのボタンがあります。まずは「Explore trending palettes」をクリックしてみましょう（図8-2）。

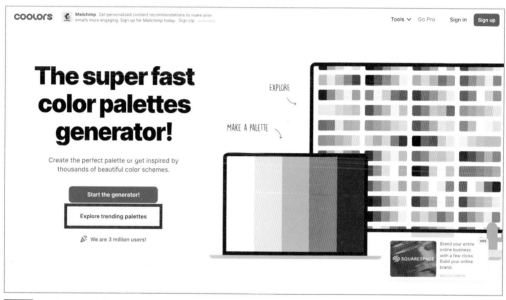

図8-2 Coolorsのトップページ

こちらではすでに作られた美しいカラーパレットの数々が一覧で表示されています。気に入ったものがあったら、メニューボタンをクリックして「Export palette」を選択します（図8-3）。

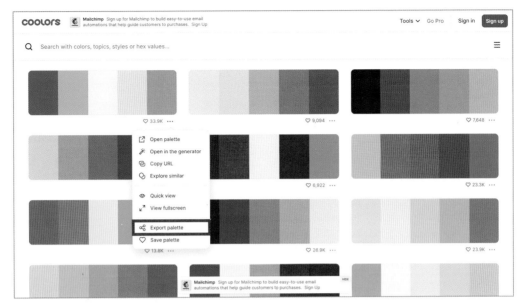

図8-3 メニューボタンをクリックしてExport paletteを選択する

CSSのコードをそのまま書き出すこともできるのですが、実際の色をチェックできるようにしたほうがよいので、PDFまたはImageで書き出しましょう（**図8-4**）。

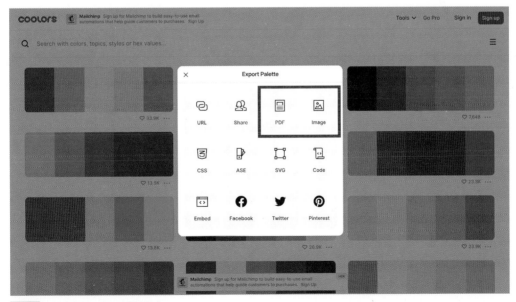

図8-4 PDFまたはImageで書き出す

この書き出したパレットを基に色を変更してもらってもいいのですが、ご自身でも作ってみたいということであれば、トップページで「Start the generator!」を選択しましょう（図8-5）。

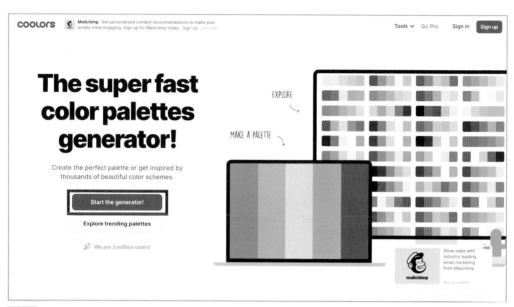

図8-5　「Start the generator!」をクリック

そうすると自動で調和のとれた素敵なカラーパレットが表示されるのですが、別のパターンが見たい場合はスペースキーを押下しましょう。ツールが別のカラーパレットに切り替えてくれます（図8-6、図8-7）。

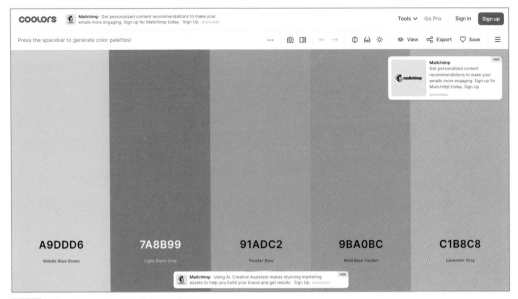

図8-6 自動でカラーパレットを生成してくれる

図8-7 スペースキーを押下すると別のカラーパレットが表示される

もしも気に入った色があればそれを固定しておくこともできます。気に入った色にカーソルを合わせると下部に鍵アイコンがあるので、そちらをクリックすることで固定しましょう（図8-8）。

図8-8 気に入った色を固定する

固定した上で再度スペースキーを押下してみます。その固定した色と調和のとれる色が自動で選出されて、またカラーパレットを生成してくれます（図8-9）。

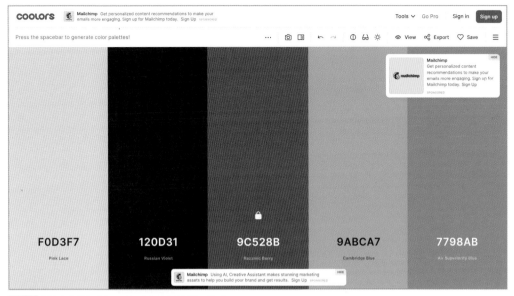

図8-9 固定した後にまたスペースキーを押下してみる

さらにこのツールの優れているところは、そのカラーの明暗のカラーバリエーションまで表示してくれるところです。再び色にカーソルを合わせ、「View shades」をクリックしてみましょう（図8-10）。

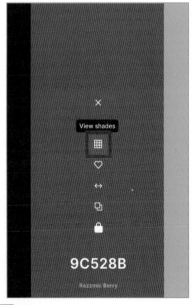

図8-10 View shadesでカラーバリエーションを表示する

「この色好きだけど、ちょっと明るすぎるな……」と思ったときはここで少し暗めの色を選択することで、色の調和は保ったまま明暗を調整できます（図8-11）。

図8-11 View shadesで色を調整する

　この繰り返しで徐々にカラーパレットを作成していくのですが、ポイントは必ず「**白に近い色と黒に近い色をカラーパレットに取り入れる**」ところです。Webページもドキュメントである以上、読み手にとっての読みやすさは不可欠です。こういうニュートラルな色が含まれていれば、暗い背景には白のテキストを、明るい背景には黒のテキストを……と最低限の読みやすさを担保することができます。

 カラーパレット作りにまだ自信がない方は、既存のパレットを使うことから始めると失敗しにくいです。また「見づらい」「読みにくい」というのは色のコントラストも関係していることがあります。Coolorsにはコントラストをチェックしてくれる機能もあるのでおすすめです。

- Color Contrast Checker

  https://coolors.co/contrast-checker/112a46-acc8e5

　また今回はシンプルなページなのでカラーバリエーションは少なくて済みますが、プロジェクトが大きくなってくるとカラーパレットも大きくなりやすいです。様々なカラーパレットに日頃から触れておくと繊細な色の違いにも敏感になれるので、デザインの目も鍛えておきましょう。

8　3　（もう一歩）下層ページを作成

　この章では最後に、過去のお仕事について詳しく紹介するページを一緒に作っていきます。ホームページをすでに完成させた皆さんであれば、簡単にさくっと作れるようになっているので、あまり気負う必要はありません。このパートを通して、**すでに組み立てたページやパーツを再活用する**練習と、その便利さを体感してみてください。完成形は配布しているファイルのdesign-work-mobile.png（モバイル版）、design-work-tablet.png（タブレット版）、design-work-laptop.png（ラップトップ版）をご確認ください。

　今回の下層ページは大きく分けて5つのエリアに分かれています。

- ヘッダー
- ヒーローエリア
- 仕事の詳細を紹介するエリア
- 他の仕事を紹介するするエリア
- フッター

┃ 同じフォルダ内にwork.htmlを作る

　まずはindex.htmlと同じ階層にwork.htmlというファイルを作成しましょう。Visual Studio Codeであれば、サイドバーの上部にあるファイル追加ボタンをクリックすることでファイルを作成することができましたよね（ 図8-12 ）。

図8-12 work.htmlを作成する

　ファイルを作成することができたら、index.htmlの中身をすべてコピー＆ペーストします。work.htmlをブラウザで開いて、index.htmlとwork.htmlの表示がまったく同じになっていることを確認してください（図8-13）。

図8-13 work.htmlにindex.htmlの中身をコピー＆ペーストする

work.htmlから不要な箇所を削除する

　次に必要のない箇所を順に削除していきます。間違えて開始タグや終了タグを消しすぎるとレイアウトが崩れてしまうので、慎重に削除していきましょう。**随時ブラウザを更新しながらアウトプットを確認し、崩れたら戻す……という風に徐々に作業していく**とやりやすいです。ヘッダーとフッターは、基本的にそのまま使用するのでひとまず飛ばしてかまいません。<main>の中身を変更することに集中しましょう。

POINT　初心者の方にありがちなのは、一気にページを組み立ててから確認してしまうことです。バグや見た目の崩れを発見した際、すでに大きな変更を行っていた場合、何が原因でそうなっているのか発見しづらくなってしまいます。こまめにブラウザを更新して、確認しながら進めましょう。

　まずはヒーローエリアですが、ここで必要なのは<h1>だけなので、その他のSNSのリンクやプロフィール画像を削除する必要があります。 リスト8-1 を参考にしながら削除してみましょう。また、トップページで必要だったIDはこのページで必要なくなるので、一緒に削除しておきましょう。<h1>の中身も少し調整して、詳細ページのタイトルであることを明確にします。

リスト8-1	ヒーローエリアでいらない箇所を削除する

```
<main id="home" class="main">
  <section class="main-hero">
    <div class="main-hero-container container">
      <div class="main-hero-highlight">
        <h1>お仕事のタイトル</h1>─────────────h1の中身を変更
        [                    ]────────main-hero-highlight-linksのブロックを削除
      </div>
      [                    ]────────main-hero-imgのブロックを削除
    </div>
  </section>
```

　次に過去の仕事を紹介するセクションですが、こちらは下部の1つだけを残しておきます。これで過去の仕事の1つ目から2つ目へWebページの訪問者にスムーズに遷移してもらうことができます。セクションのタイトルもRead Nextに変更しつつ、ここでも不要になったIDを削除しましょう。また下部のボタンについては仮のリンク先としてwork.htmlを設定しておいてください（ リスト8-2 ）。このとき、元のトップページ（index.html）でも、「もっと読む」ボタンにwork.html

を設定することで、現在作成している下層ページへ遷移させることができます。あわせて変更しておきましょう（ リスト8-3 ）。

リスト8-2　　過去の仕事を紹介するエリアでいらない箇所を削除する

```
<section id="works" class="main-works">                    セクションタイトルをRead Nextに変更する
    <h2><i class="fas fa-palette"></i>Read Next</h2> ───────┘
    <div class="container">
                                              ───── 1つ目のmain-works-itemを削除する
        <div class="main-works-item">
            <figure class="main-works-item-img secondary">
                <img src="images/image-work-b.jpg" alt="Work B">
            </figure>
            <div class="main-works-item-text">
                <h3>過去のお仕事 2</h3>
                <p>この文章はダミーです。文字の大きさ、量、字間、行間等を確認する➡
ために入れています。この文章はダミーです。文字の大きさ、量、字間、行間等を確認するために入れて➡
います。この文章はダミーです。文字の大きさ、量、字間、行間等を確認するために入れています。</p>
                <p>この文章はダミーです。文字の大きさ、量、字間、行間等を確認する➡
ために入れています。この文章はダミーです。文字の大きさ、量、字間、行間等を確認するために入れて➡
います。この文章はダミーです。文字の大きさ、量、字間、行間等を確認するために入れています。</p>
                <a href="work.html" class="button button-secondary">もっと➡
読む</a>
            </div>                           ───── 仮でwork.htmlをリンクさせる
        </div>
    </div>
</section>
```

リスト8-3　　もっと読むボタンにリンクを設定する（index.html）

```
        <div class="main-works-item">
=== 中略 ===
            <a href="work.html" class="button button-primary">➡
もっと読む</a>
=== 中略 ===
        </div>
        <div class="main-works-item">
=== 中略 ===
            <a href="work.html" class="button button-secondary">➡
もっと読む</a>
                === 中略 ===
        </div>
```

その下の自身について紹介するエリアは不要なので、まるごと削除してしまいます。これでひと通り不要な箇所が削除できて、ページもスッキリしたことでしょう（リスト8-4）。

リスト8-4 自身について紹介するエリアはまるごと削除する

```
<section id="works" class="main-works">

=== 中略 ===

</section>
```
├───────────────────────────────── main-aboutのブロックをまるっと削除する

記事部分のコーディングを追加する

ページをスッキリさせたら、次は追加部分のコーディングをしていきます。コーディングするといっても、シンプルな内容でかつ量は多くありません。まずはリスト8-5のように、ベースの階層構造を作りましょう。

リスト8-5 ベースの階層構造を作る

```
<main id="home" class="main">
    <section class="main-hero">

=== 中略 ===

    </section>
    <section class="main-article">
        <h2><i class="far fa-file-alt"></i>Project Details</h2>
        <div class="main-article-container container">
            <div class="main-article-topic">
                <img src="images/image-work-a1.jpg" alt="Work A1">
                <h3>改善点の洗い出し</h3>
                <p>この文章はダミーです。文字の大きさ、量、字間、行間等を確認するため➡
に入れています。この文章はダミーです。文字の大きさ、量、字間、行間等を確認するために入れていま➡
す。この文章はダミーです。文字の大きさ、量、字間、行間等を確認するために入れています。</p>
            </div>
            <div class="main-article-topic">
                <img src="images/image-work-a2.jpg" alt="Work A2">
                <h3>解決案の検討</h3>
```

```
                <p>この文章はダミーです。文字の大きさ、量、字間、行間等を確認するため➡
に入れています。この文章はダミーです。文字の大きさ、量、字間、行間等を確認するために入れていま➡
す。この文章はダミーです。文字の大きさ、量、字間、行間等を確認するために入れています。</p>
            </div>
            <div class="main-article-topic">
                <img src="images/image-work-a3.jpg" alt="Work A3">
                <h3>最終結果</h3>
                <p>この文章はダミーです。文字の大きさ、量、字間、行間等を確認するため➡
に入れています。この文章はダミーです。文字の大きさ、量、字間、行間等を確認するために入れていま➡
す。この文章はダミーです。文字の大きさ、量、字間、行間等を確認するために入れています。</p>
            </div>
        </div>
    </section>
    <section id="works" class="main-works">

    === 中略 ===

    </section>
</main>
```

　この新しいセクションはmain-articleといって、記事の内容を表示する部分です。他のセクションと同様にアイコンつきの<h2>を挿入し、その下には実際のコンテンツをトピックごとに画像と文章を組み合わせながらコーディングしていきます。<p>はパートごとにそれぞれ最低1つずつは入れてほしいですが、段落の数に応じて2つから3つの<p>が入ることを想定してデザインしています。

　また以前使ったテクニックと同様、main-article-containerというclassがcontainerと一緒に付与されている点に注目しましょう。本来、最大幅は1280pxで設定しているのですが、文章でそれだけの幅があると読みづらくなってしまいます。そのため新たなclassを設けて、main-article-containerが付与されている場合のみ、最大幅を狭くするスタイリングをします。後ほどCSSを記入する際にスタイリングするので、今はclass名の追記のみで問題ありません。

　また、<body>部分にはworkというclassを追加してください（リスト8-6）。CSSでこのページ独自のスタイリング（上書き）をするのに使います。新しく追加する要素に個別でclassをつけてもかまわないのですが、そのページ全体で適用させたいスタイルがある場合、このように**大元の<body>にclassをつけて、その子孫要素すべてにスタイリングを適用させる**こともあります。

| リスト8-6 | HTMLファイルでworkクラスを追記する |

```
<!DOCTYPE html>
<html lang="ja">
<head>

=== 中略 ===

</head>
<body class="work">
    <header class ="header">

=== 中略 ===

</body>
</html>
```

　次にstyle.cssを開いてファイルの一番下にスタイリングを追加していきます。まずはさきほど追記したworkというclassで、<h1>タグの不要なmargin-bottomを打ち消しつつ、font-familyをサンセリフ体に変更します（リスト8-7）。

| リスト8-7 | CSSファイルでworkクラスを追記する |

```
.footer-info-copy {
  color: #9C9DA5;
}

/* --------------------------------------
  Page - Work
-------------------------------------- */

.Work h1 {
  margin-bottom: 0;
  font-family: "Helvetica Neue", "Helvetica", "Hiragino Sans", ➡
"Hiragino Kaku Gothic ProN", "Arial", "Yu Gothic", "Meiryo", sans-serif;
}
```

次にmain-article-containerの最大横幅を設定することによって、記事が横に広がりすぎて読みづらくならないように制御します（リスト8-8）。この横幅は適宜、皆さんの好みで変えてもらってかまいませんが、大体**600px**から**800px**の間に収めるのが**目安**です。

リスト8-8　main-article-containerクラスを追記する

```
.work h1 {
  margin-bottom: 0;
  font-family: "Helvetica Neue", "Helvetica", "Hiragino Sans", ➡
"Hiragino Kaku Gothic ProN", "Arial", "Yu Gothic", "Meiryo", sans-serif;
}

.main-article-container {
  max-width: 750px;
}
```

あとはmargin-bottomの調整と画像の角丸を追加しているだけです（リスト8-9）。「:last-child」を使って一番下のmain-article-topicに余分なmargin-bottomが入らないように工夫しているのも以前のパートで既出のテクニックでしたよね。

リスト8-9　main-article-topicのスタイリングを追記する

```
.main-article-container {
  max-width: 750px;
}

.main-article-topic {
  margin-bottom: 60px;
}

.main-article-topic:last-child {
  margin-bottom: 0;
}

.main-article-topic img {
  margin-bottom: 30px;
  border-radius: 5px;
}
```

さてレスポンシブ対応についてですが、実は追記することはほとんどありません。Main-article
セクションの上下のpaddingを、モバイル版からラップトップ版にかけて徐々に大きくしていく
だけです。 リスト8-10 ～ リスト8-12 を参考にしながらそれぞれのファイルに追記しましょう。

リスト8-10　　レスポンシブ対応させる (style-mobile.css)

```css
.footer-info-nav-img {
  width: 60px;
}


/* --------------------------------------
  Page - Work
-------------------------------------- */


.main-article {
  padding: 80px 0;
}
```

リスト8-11　　レスポンシブ対応させる (style-tablet.css)

```css
  .footer-info-copy {
    margin-bottom: 0;
  }

  /* --- Page - Work --- */

  .main-article {
    padding: 100px 0;
  }

}
```

リスト8-12　　レスポンシブ対応させる（style-laptop.css）

```css
  .footer-info {
    width: 60%;
  }

  /* --- Page - Work --- */

  .main-article {
    padding: 120px 0;
  }
}
```

POINT　レスポンシブ対応で各ファイルに追記するときは、しっかりメディアクエリのカッコ内に入れるように注意してください。カッコの外に配置してしまうと上手に反映されません。

リンク先をそれぞれ調整する

　スタイリングが完了したら、忘れてはいけないのがリンク先の調整です。ヘッダーやフッターにはナビゲーションメニューがありますが、これらは基本的にホームページ（index.html）に対応しているものです。そのため リスト8-13 のように書き換えてください。

リスト8-13　　リンク先を書き換える

```html
    <header class ="header">
        <div class="header-logo">
            <img class="header-logo-img" src="images/image-logo.svg" alt="logo">
            <span class="header-logo-title">Designer/Developer</span>
        </div>
        <nav class="header-nav">
            <ul class="header-nav-menu">
                <li class="header-nav-menu-item"><a href="index.html#home">Home ➡
</a></li>
                <li class="header-nav-menu-item"><a href="index.html#works">Works ➡
</a></li>
                <li class="header-nav-menu-item"><a href="index.html#about">About ➡
</a></li>
```

```
                <li class="header-nav-menu-item"><a href="#contact">Contact ➡
</a></li>
            </ul>
        </nav>
    </header>

=== 中略 ===

    <div class="footer-info-nav">
        <img class="footer-info-nav-img" src="images/image-logo.svg" alt="logo">
        <nav class="footer-info-nav-menu">
            <ul>
            <li><a href="index.html#home">Home</a></li>
            <li><a href="index.html#works">Works</a></li>
            <li><a href="index.html#about">About</a></li>
            </ul>
        </nav>
    </div>
```

それに伴って不要なIDもwork.htmlから削除する必要があります。フッターのid="contact"のみ残し、他のIDを削除してください（ リスト8-14 ）。

リスト8-14　不要なIDを削除する

```
    <main class="main">──────────────────── id="home"を削除
        <section class="main-hero">

        === 中略 ===

        </section>
        <section class="main-article">

        === 中略 ===

        </section>
        <section class="main-works"> ──────────── id="works"を削除

        === 中略 ===

        </section>
    </main>
```

8

自分のプロフィールページへ

217

<head>の中身を調整する

最後に <head> 内にある <title> を、ページに合ったものに修正します（ リスト8-15 ）。変更した後にブラウザを確認し、タブの名称が変わっているのを確認してくださいね。

リスト8-15　　<title>を変更する

```
<!DOCTYPE html>
<html lang="ja">
<head>
    <meta charset="UTF-8">
    <meta name="viewport" content="width=device-width, initial-scale=1.0">
    <title>Sample Work Page</title>

    <!-- Normalize.css -->
    <link rel="stylesheet" href="stylesheets/normalize.css">
```

以上で下層ページのテンプレート作成も完了です。各ファイルで変更内容を保存したら、ブラウザを更新してみましょう。それぞれの画面サイズでデザインの通りになっているか確認してみてください。必要に応じてこのテンプレートを複製し、自分自身に合った内容に変えてみてくださいね。

APPENDIX

一歩進んだテクニック

A 1 クロスブラウザ対応とは

クロスブラウザ対応とは、Microsoft Edge や Google Chrome、Safari、Firefox といった各 Web ブラウザでの表示や動作の違いをなくし、どのブラウザで見ても Web サイトが同じ振る舞いをするように配慮しながら実装することを指します。これには端末の違いも含まれています。

著者が HTML/CSS のコーディングを始めた頃は、まだ Internet Explorer 6 や Android 2.3 といった古いバージョンがギリギリサポートされている時代で、このクロスブラウザ対応は骨の折れる作業でした。ずっと Google Chrome で開発していて問題ないと思っていたのに、Internet Explorer ではまるで表示が違っている……という経験もあり、初心者の頃は泣かされたものです。

しかし現在では、たいていどのブラウザでも、Flexbox や Grid といった最新の CSS がサポートされています。それによって、かつてのような大変な思いをしなくても済むようになりました。また XIII ページの「対応するブラウザ」でも触れたように、**古い Internet Explorer 11 のサポートも、すでに 2022 年 6 月 16 日で外れています**。今後クロスブラウザ対応はより簡単になっていくことでしょう。

できる限り複数のブラウザを入れておく

Google Chrome を使っているのであれば、すでに複数のブラウザをインストール済みの状態であることがほとんどでしょう。Windows であれば Microsoft Edge と Google Chrome、Mac であれば Safari と Google Chrome という具合です。

Microsoft Edge や Safari のような OS のデフォルトのブラウザは、他の OS 上で見るのに少し複雑な作業や設定が必要となります。初心者の方向けの内容ではないので本書では割愛しますが、最低限 Firefox はインストールして 3 つのブラウザで確認できるようにすることをおすすめします。

まずはそれらのブラウザで表示や動作に差異がないか確認してみましょう。

ベンダープレフィックスを確認する

ベンダープレフィックスとは、ブラウザごとに独自に実装されている拡張機能や、まだ草案段階の機能を先行して実装する場合につけるものです。前後に「-moz-」や「-webkit-」といった表記をつけて記載します。ベンダープレフィックスがそもそも必要なのかを確認できる便利なWebサイトが「**Can I use**」です（図A-1）。

- Can I use
  https://caniuse.com/

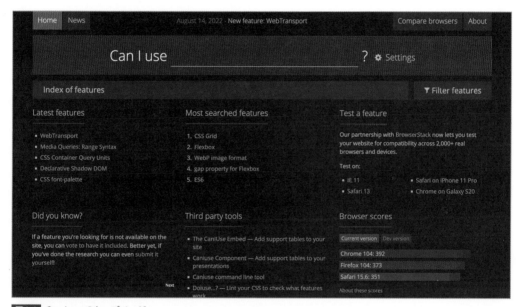

図A-1 Can I useのトップページ

　例えばCSS Gridを検索すると 図A-2 のように表示されます。緑で何もアイコンがついていなければベンダープレフィックスは不要です。こちらの例だとInternet ExplorerやMicrosoft Edgeの古いブラウザも対応する場合「-ms-」をつけなければならないとわかります。

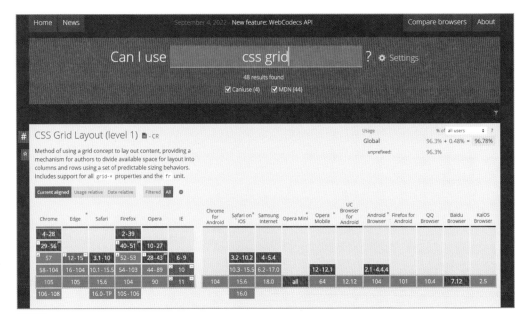

図A-2 CSS Gridはベンダープレフィックスが必要かどうか確認する

　現仕はベンダープレフィックスの必要性は徐々になくなってきていますが、このように不慣れなセレクタやプロパティを使う場合は、こちらのWebサイトで確認しながら実装するようにしましょう。

┃ デベロッパーツールでの確認

　次に確認してほしいのは、レスポンシブ対応の表示です。Appendixをご覧になっている皆さんであれば、すでにレスポンシブ対応までコーディングを済ませていることでしょう。手元のスマートフォンやタブレット端末で確認することが一番ではあるのですが、皆さんのコードをオンラインで公開しているわけではないので、URLにアクセスして確認……というわけにもいきませんね。

　また単純にウィンドウを引っ張ったり縮めたりして表示を変えてみるのもよいのですが、HTML/CSSを勉強している皆さんであれば、デベロッパーツールに慣れ親しんでおきましょう。これはGoogle Chromeに標準搭載されているWeb開発者用の検証ツールで、コーディングする私たちにとっても必須のものです。他のブラウザでも似たような機能がありますが、今回はGoogle Chromeに絞って解説していきます。

Windowsであれば Ctrl + Shift + I 、Macであれば ⌘ + Option + I でデベロッパーツールを開くことができます。もしくはChromeのメニューボタンから、「その他のツール」→「デベロッパーツール」をクリックすることでも同様の動作をすることが可能です（図A-3）。

図A-3 Google Chromeのデベロッパーツールを開く

開いたらさらにメニューボタンをクリックし、固定サイドで右端のアイコンをクリックします（図A-4）。これはツールの表示位置を調整できる場所です。右側が塗りつぶされているアイコンは、このツールが右側に来ることを示しています。

図A-4 固定サイドで表示位置を調整できる

次にデバイスツールバーを起動
しましょう。**これはデバイスやブ
ラウザのサイズで表示がどう変わ
るか擬似的にチェックできるもの**
で、ツール内でページをスクロー
ルしたりタップしたりといった動
作確認もできます。試しにサイズ
で「iPhone SE」を選択してみま
しょう（図A-5）。

図A-5 iPhone SEを選択する

するとウィンドウサイズがぐっと縮まり、横幅が375px、縦幅が667pxのiPhone SEのサイズに
調整されます。「レスポンシブ」（言語の設定によっては「Responsive」）を選べば上部をクリック
することでサイズ変更を徐々に変えていくことも可能です（図A-6）。

図A-6 レスポンシブを選んで上部のバーでサイズを切り替える

本書ではクロスブラウザ対応に軸を置いて最低限の機能を紹介してきましたが、デベロッパー
ツールにはこの他にも多くの便利な機能が備わっています。実際に触ってみたりインターネット
で記事を調べたりしながら、ぜひ皆さんも勉強してみてください。

A 2 ブラウザで対応を変える例

　クロスブラウザ対応の必要性は、元のデザインやHTMLの階層構造、CSSのスタイリング方法など、いくつかの要素が折り重なった結果、発生することが多いです。それぞれの状況によって適切な対応が異なるため、すべてを本書で網羅することはできませんが、著者の経験上ありがちなものを2つほどピックアップしてその解決方法をご紹介します。

100vh問題

　ウィンドウいっぱいの高さで要素を表示したいとき、要素の高さを100vh（viewport height）と設定することが多いかもしれません。しかし、この設定はiOSやSafariでは上手く機能してくれません（**図A-7**）。これは**画面の下部にグローバルナビゲーションがあるために起こってしまう**ものです。従来、この問題はCSSのみでは解決することができず、JavaScriptを用いて画面サイズを計算するという工夫が必要でした。

下部のUIの影響を受けてしまい、きちんと縦の中央揃えができない

これが縦横の中央です。

図A-7 100vhがiOS Safariで上手く機能しない

しかし対応範囲がiOS 15.4以降であれば、svh／lvh／dvhという新しい単位を使うことでJavaScriptを使わずに解決することができるようになりました（ 図A-8 ）。それぞれの単位について、簡単に解説します。

- svh ……… small viewport heightの略。上下に存在するメニューなどのUIが表示されたときのviewportの高さ
- lvh ……… large viewport heightの略。上下に存在するメニューなどのUIが表示されていないときのviewportの高さ
- dvh ……… dynamic viewport heightの略。現在表示されている画面のviewportの高さ。そのため、ページのスクロール状況に応じて動的にviewportの高さが変わる

図A-8　100dvhを指定して動的にviewportの高さを変更

注意してほしいのは、これが現在Safari以外のブラウザでサポートされていないことです。そのためCSSを設定する際は通常の100vhと併記する必要があります（ **リストA-1** ）。

リストA-1	100vhと100dvhを併記する

```
div {
    display: flex;
    align-items: center;
    justify-content: center;
    width: 100%;
    height: 100vh;
    height: 100dvh;
    background: linear-gradient(
        to bottom, #f64f59, #c471ed, #12c2e9
    );
}
```

不安定な挙動のposition: sticky;

メニューを親要素内で固定させたいときに使う **position: sticky; はヘッダーやサイドバーを固定したいときに便利なプロパティ** です。しかし、実装方法によっては上手く機能しなかったり、ブラウザごとに挙動が変化したりと、不安定な場合があります。それぞれのブラウザで確認しながら実装するのが一番なのですが、最低限下記の2つは避けておいたほうが無難です。

- <table>のヘッダーにposition: sticky;を付与する
- 親要素にoverflow: hidden;やoverflow: auto;を付与する

CSSも進化してきていて、ブラウザごとの差異を極力なくすことができる、プロパティや単位が増えています。おかげで今ではクロスブラウザ対応で消耗することも随分減りました。とはいえ、今でも上記のような問題が発生するのは事実です。CSSでバグが発生するパターンや、その解決法について、情報をすぐに受け取れるよう、日頃からアンテナを立てておきましょう。

Appendix

一歩進んだテクニック

自身で検索しながら解決するクセをつける

　クロスブラウザ対応やバグ修正で大切なのは、ご自身で**上手に検索して解決方法を見つけるクセをつける**ことです。初心者の方を指導していて、「どう検索したらいいのかわからない」という質問を受けることがよくあります。ここでは、検索する際のヒントをお伝えします。

- エラー内容をコピー&ペーストして検索してみる
  （検索キーワードの例）「Error: ○○○ is not working correctly (properly).」
- キーワードの組み合わせを考えながら検索してみる
  （検索キーワードの例）「iOS　safari　縦　中央に揃わない」「position: sticky;　効かない」
  など

　検索しても求める解決策にたどり着けない場合は、使うキーワードの組み合わせを変えながら検索してみましょう。また下記2つのWebサイトは、デベロッパーが様々な問題の解決策を見つけるためになくてはならない情報源です。読者の皆さんもこれからよくお世話になるはずなので、ブックマークしておくことをおすすめします。

- Qiita
  https://qiita.com/
- Stack Overflow
  https://stackoverflow.com/

ブラウザで対応を変える例

A 3 Figmaの基本的な使い方

本書の99ページでFigmaの初期設定と簡単なデザインの確認方法について触れたのですが、こちらではもう少し踏み込んでみましょう。Figmaは基本的にデザイナーがデザインするためのツールなのですが、デベロッパーが理解しておくべき機能に絞ってFigmaの基本的な使い方を3つご紹介します。

Inspectモードで要素を確認する

まずは本書でも軽く触れた、**Inspectモード**を使ってみましょう。右側のサイドバーの上部に「Inspect」があるのでクリックしてみます（図A-9）。するとサイドバーが「Code」や「Text Styles」「Color Styles」を表示していることに気づくはずです。

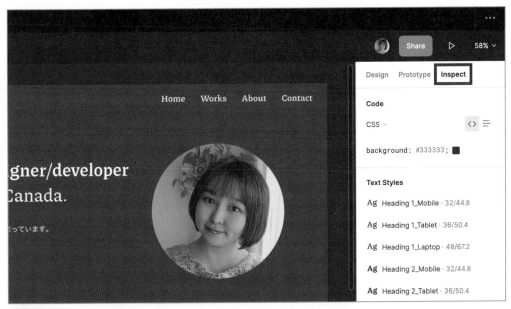

図A-9　Inspectモードに変更してみる

次にヒーローエリアのメインコピーを選択してみます（図A-10）。HTMLのツリー構造のように
デザインファイルも階層構造になっているので、何度かダブルクリックしながら階層構造の中に
潜っていくと、目的のメインコピーを選択できるでしょう。またダブルクリックするのが面倒であ
れば、Macなら⌘を押しながらクリック、Windowsなら Ctrl を押しながらクリックすることで、目
的のメインコピーをスムーズに選択できます。

図A-10 メインコピーを選択してみる

さて、メインコピーを選択できたら再度右側のサイドバーを確認してみましょう（図A-11）。す
ると「Properties」や「Content」「Typography」などが表示されているはずです。ここでその要
素のサイズ感やどんなフォントやカラーが使われているのかを確認でき、下にスクロールしてい
くとCSSのコードまで記載されています。

ただしここで表示されているCSSは、**コーディング時の参考にする程度**がおすすめです。なぜ
なら不要なスタイリングも含まれていることが多く、そのままコピー＆ペーストしてしまうと後
で問題になってしまうからです。

また「Content」セクションでは、記載されているテキストをコピーすることも可能です。デザ
イン上のテキストをそのまま使用するのであれば便利なツールなので、こちらは必要に応じて
使ってみましょう。

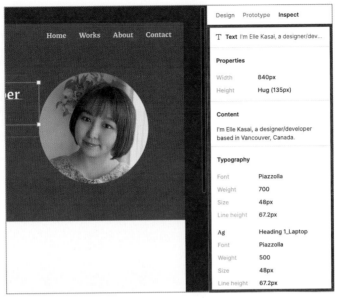

図A-11 サイドバーで要素の情報を確認する

デザインにコメントを残す

　次にデザイナーや他のチームメンバーとのコミュニケーションで活用できる、コメント機能を見てみましょう。上部のツールバーにある吹き出しアイコンをクリックすると、カーソルも吹き出しアイコンに変わります（ 図A-12 ）。

図A-12 吹き出しアイコンをクリックするとコメントモードになる

この状態でコメントしたい箇所にカーソルを持っていってクリックすると、コメントの入力欄が出てきます（図A-13）。実際に入力し始めると絵文字の挿入やメンション（特定の相手に宛ててメッセージを送ること）もできるようになっているので、適宜活用してみてください。

図A-13 コメントしたい箇所をクリックしてコメントを入力する

コメントを入力し終えたら Enter を押す、もしくは右側の矢印アイコンをクリックすることでコメントを送信することができます。送信後に該当箇所をクリックするとコメントの詳細を表示し、編集したり削除したりすることもできるので、間違えてしまった場合も安心です（図A-14）。

図A-14 コメントの詳細表示から編集や削除も可能

コメントを見たくない場合は、左上のメニューバーで、Viewをクリックし、メニュー内にある「Comments」のチェックを外すとコメントを非表示にすることができます。キーボードショートカットは Shift ＋ C です。状況に応じて表示・非表示を切り替えましょう。

必要なアセットを書き出す

　最後に必要なアセット（画像や
アイコン）を書き出す方法を見て
みましょう。まずは試しにプロ
フィール画像をクリックしてみて
ください。次に右側のサイドバー
下部にある「Export」をクリック
して、書き出すためのオプション
を開きましょう（図A-15）。

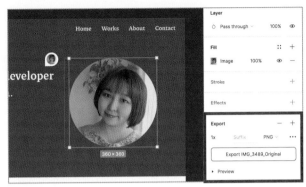

図A-15 画像を選択した状態で「Export」をクリックする

　「Suffix」はほとんど使わないので無視してかまいません。一番左は「**何倍の大きさで書き出す
か**」、そしてドロップダウンからは「**書き出す画像のフォーマット**」を選ぶことができます。オプ
ションを選択後、下部の「Export」ボタンをクリックして書き出しましょう。「Preview」で書き
出す画像のイメージも確認できるので、事前にチェックしておくことをおすすめします（図A-16）。

図A-16 オプションを選んで「Export」ボタンをクリックする

INDEX

笠井 枝理依（かさい えりい）

新卒で法人営業として働いた後、スクールに通うことなくHTML/CSSを習得し、マークアップエンジニアに転身。1年間日本企業で勤めた後、すぐカナダのバンクーバーに移住し、現地のIT企業を渡り歩く。現在はコミュニティカレッジで世界各国からの留学生を相手に、Web開発やUI/UXデザインについて教えつつ、フリーランスのUI/UXデベロッパー兼デザイナーとしても精力的に活動中。

装丁・本文デザイン：宮嶋章文
DTP：シンクス

エイチティーエムティル　シーエスエス
HTML/CSS ブロックコーディング
デザインをすらすら再現できる

2022 年 11 月 16 日　初版第 1 刷発行

著　　　者　　笠井 枝理依
発　行　人　　佐々木 幹夫
発　行　所　　株式会社 翔泳社（https://www.shoeisha.co.jp）
印刷・製本　　株式会社シナノ